Expansion mit Fragezeichen

Mike Zeitz
Redakteur dieses Hefts
mike.zeitz@spektrum.de

Zum ersten Mal seit mehr als 50 Jahren laufen Vorbereitungen dafür, wieder Menschen auf den Mond zu befördern. Nicht allein durch die USA, die das zuletzt 1972 und bisher als einzige Nation geschafft hat. Vielmehr hat ein neuer Wettlauf zum Mond begonnen. Das Teilnehmerfeld hat sich gegenüber dem einstigen Duell zwischen den Vereinigten Staaten und der Sowjetunion verändert und erweitert.

Der neue große Wettbewerber der USA heißt China. Das Land hat 2003 erstmals selbst Menschen ins All gebracht und feiert Erfolge mit einer eigenen Raumstation und anspruchsvollen robotischen Missionen zu unserem Trabanten. Ich bezweifle nicht, dass es China gelingen wird, Menschen auch auf dessen Oberfläche zu befördern – eher, ob es die USA noch vorher schaffen. Darüber hinaus beteiligen sich Indien, Japan und Europa sowie private Unternehmen an den Erkundungen, um nur einige Mitstreiter zu nennen.

Das Interesse aller gilt den Polregionen des Mondes. Seit hier im 21. Jahrhundert überraschend große Mengen Wasser in Form von Eis erspäht wurden, gilt es als potenzielle Quelle von Treibstoff, Sauerstoff und Trinkwasser und somit als Schlüssel zu einer dauerhaften Präsenz der Menschheit dort. Allerdings ist völlig unklar, wie gut sich die Ressource technisch überhaupt erschließen lässt. Dennoch träumen Raumfahrtagenturen und Privatunternehmen bereits von Mondbasen als »Sprungbrett« für Reisen zum Mars.

Erst einmal geht es also darum, wann der 13. Mensch den Mond betreten wird und welcher Nation er angehört. Aber was kommt danach? Neben dem speziellen Problem der Nutzbarmachung der lunaren Ressourcen stehen der astronautischen Raumfahrt insgesamt vielfältige Erschwernisse entgegen (»Keine Zukunft im All?«). Eine dauerhafte Präsenz jenseits des Erdorbits scheint jedenfalls keineswegs der nächste logische Schritt zu sein, sondern eine Folge gesellschaftlicher Erwägungen.

Ich frage mich daher, ob tollkühne Siedlungspläne der Astronomie wirklich helfen oder ob solche Missionen wichtige Aufmerksamkeit und Ressourcen von anderen Vorhaben abziehen, die auf fundamentale Fragen zum Kosmos und zu unserem Platz darin gerichtet sind: Wie ist unser Universum entstanden? Woraus besteht es überhaupt? Gibt es Leben auf fernen Himmelskörpern?

Vermag die Lösung derart grundlegender Rätsel nicht auf tiefere Weise zu berühren als die Verkündung der ersten Ernte von Mondsalat? Wollen wir Abermilliarden investieren, um den Grundbedürfnissen weniger Auserwählter im All gerecht zu werden, während es uns nicht gelingt, sie für die Mehrheit der irdischen Bevölkerung zu erfüllen?

Oder ist so ein Gegenrechnen trügerisch, weil Geld für das ganze Spektrum der Raumfahrt da wäre – Erdbeobachtung, Teleskope, Sonden, astronautische Missionen –, wenn wir es bloß schaffen würden, irdische Konflikte beizulegen? Könnte internationale Zusammenarbeit bei der Erschließung von Mond und Mars vielleicht gerade dazu inspirieren?

In der Hoffnung auf Antworten Ihr

INHALT

AUSSCHAU INS ALL

FASZINIERENDE EXTREME

RUBRIKEN

NADIEH BREMER / SCIENTIFIC AMERICAN DEZEMBER 2023

NASA, ESA, CSA, STSCI (HTTPS://WEBBTELESCOPE.ORG/CONTENTS/MEDIA/IMAGES/2022/031/01G77PKB8NKR7S8Z6HBXMYATGJ)

RON MILLER / SCIENTIFIC AMERICAN JANUAR 2023

SEÑOR SALME / SCIENTIFIC AMERICAN MAI 2023

NASA'S GODDARD SPACE FLIGHT CENTER (HTTPS://WWW.NASA.GOV/IMAGE-ARTICLE/OSIRIS-REX-GRABS-SAMPLE/)

VITALII BUT / STOCK.ADOBE.COM (ERSTELLT MIT KI)

RÄTSEL DES SONNENSYSTEMS

MENSCHEN IM WELTRAUM

Titelbild: NASA/JPL-Caltech

DUNKLE ENERGIE

Was das Weltall auseinandertreibt

Seit ihrer Entdeckung vor einem Vierteljahrhundert ist der Ursprung der Dunklen Energie unvermindert rätselhaft. Neue Teleskope und Theorien sollen Erkenntnisse dazu bringen, warum sich der Kosmos immer schneller ausdehnt.

Richard Panek ist Wissenschaftsautor in New York und schreibt insbesondere über Themen aus der Kosmologie.

KOSMISCHE KARTIERUNG Eine 3-D-Karte des Universums soll Aufschluss über die Natur der Dunklen Energie geben. Dieses Bild visualisiert die mit DESI (Dark Energy Spectroscopic Instrument) gewonnenen Daten aus den ersten sechs Monaten – das entspricht einem Prozent des insgesamt zu untersuchenden Volumens. Die Farben stehen für verschiedene Arten von Galaxien.

NADIEH BREMER / SCIENTIFIC AMERICAN DEZEMBER 2023

NADIEH BREMER / SCIENTIFIC AMERICAN DEZEMBER 2023

AUF EINEN BLICK

Hartnäckiges Mysterium

1 Der Urknall hat die Ausdehnung des Weltraums angestoßen. Da sich in einem Kosmos voller Materie alles gegenseitig anzieht, sollte der Vorgang eigentlich irgendwann aufhören.

2 Jedoch zeigte sich 1998: Die Expansion wird mit der Zeit nicht etwa langsamer, sondern beschleunigt sich sogar! Die Ursache wurde Dunkle Energie genannt und seither intensiv untersucht.

3 Trotz experimenteller Fortschritte blieb eine Erklärung bis heute aus. Eine umfangreichere und präzisere Datengrundlage soll den Theorien bald neue Impulse liefern.

An einem Nachmittag zu Beginn des Jahres 1994 kamen im Computerraum eines Observatoriums in der chilenischen Küstenstadt La Serena zwei Astronomen ins Gespräch. Nicholas Suntzeff vom Cerro Tololo Inter-American Observatory und Brian Schmidt, der gerade seine Doktorarbeit am Center for Astrophysics des Smithsonian Astrophysical Observatory und des Harvard College Observatory abgeschlossen hatte, waren Spezialisten für Supernovae – explodierende Sterne. Suntzeff und Schmidt beschlossen, mit Hilfe ihrer Expertise endlich eine der grundlegenden Fragen der Kosmologie zu beantworten: Was ist das Schicksal des Universums?

In einem Weltall voller Materie, die sich gravitativ anzieht, müsste die Expansion des Raums – die mit dem Urknall begonnen hat – irgendwann gebremst werden. Aber um wie viel? Würde die Verlangsamung gerade ausreichen, um den Kosmos schließlich zum Stillstand zu bringen? Oder würde sich die Ausdehnung irgendwann sogar umkehren und die Entwicklung seit dem Urknall gewissermaßen wieder rückwärts ablaufen?

Suntzeff und Schmidt schnappten sich das nächstbeste Blatt Papier und schmiedeten einen Plan. Sie notierten die nötigen Teleskope, die zu rekrutierenden Kollegen und die zu delegierenden Aufgaben.

Währenddessen, etwa 9600 Kilometer weiter die Pazifikküste hinauf, hatte eine Arbeitsgruppe am Lawrence Berkeley National Laboratory in Kalifornien unter der Leitung von Saul Perlmutter das gleiche Ziel. Auch sie verfolgten einen Ansatz, der sich auf Supernovae stützte. Suntzeff und Schmidt wussten von Perlmutters Supernova Cosmology Project (SCP). Aber ihnen war ebenso klar, dass dessen Team hauptsächlich aus Physikern bestand, die sich viele astronomische Techniken erst noch im Schnellverfahren selbst beibringen mussten. Schmidt und Suntzeff hofften mit ihrer Routine den Rückstand aufzuholen.

Das gelang ihnen gerade noch rechtzeitig. 1998 kamen die beiden rivalisierenden Teams unabhängig voneinander zu demselben völlig überraschenden Ergebnis: Die Ausdehnung des Universums verlangsamt sich nicht etwa. Sie läuft beschleunigt ab!

Die Ursache für diesen Effekt heißt seither Dunkle Energie. Die Bezeichnung ist gleichermaßen nichts sagend wie allumfassend, und sie klingt fast wie ein Witz – einer, der auf unsere Kosten geht. Denn es scheint, als würde die Dunkle Energie sogar zwei Drittel der gesamten Masse und Energie im Universum ausmachen. Unterdessen blieb all die Jahre völlig rätselhaft, worum es sich dabei überhaupt handeln könnte.

Das heißt nicht, die Wissenschaft hätte seit einem Vierteljahrhundert keine Fortschritte bei den Untersuchungen des Phänomens gemacht. Von 1998 an sammelten sich immer überzeugendere Belege für die Existenz der Dunklen Energie an. Die Bemühungen, ihre Natur zu ergründen oder sie zumindest genauer zu vermessen, bestimmen weiterhin viele kosmologische Beobachtungen und inspirieren zu immer ausgeklügelteren Methoden.

Bereits 1998 war schnell klar, dass die Dunkle Energie ein existenzielles Problem darstellt. Dabei geht es nicht nur um das Schicksal des Universums, sondern auch um die Zukunft der Physik schlechthin.

Das Rätsel der kosmischen Balance

Denn grundsätzlich stellt sich schon seit der Einführung von Isaac Newtons universellem Gravitationsgesetz die Frage, warum ein Universum voller sich gegenseitig anziehender Materie noch nicht in sich zusammengestürzt ist. Im Jahr 1693, sechs Jahre nach der Veröffentlichung seiner »Philosophiae Principia Naturalis Mathematica«, räumte Newton gegenüber einem Geistlichen ein, die Annahme eines Universums im immer währenden Gleichgewicht sei gleichbedeutend damit, »nicht nur eine Nadel auf ihrer Spitze zu balancieren, sondern eine unendliche Anzahl von ihnen (so viele, wie es Teilchen in einem unendlichen Raum gibt)«. Er fügte hinzu: »Doch ich halte das durch Betreiben einer göttlichen Macht für möglich.«

»Das war für die theoretische Physik eine große verpasste Gelegenheit«, schrieb Stephen Hawking 1999 in einem Beitrag zu den »Principia«. »Newton hätte die Ausdehnung des Universums vorhersagen können.« Gleiches gilt für Einstein. Als dieser 1917 seine allgemeine Relativitätstheorie auf die Kosmologie anwandte, stand er vor demselben Problem. Im Gegensatz zu Newton beschwor Einstein jedoch nicht Gott herauf, sondern fügte seinen Gleichungen das Symbol für den griechischen Buchstaben Lambda (Λ) hinzu. Die willkürliche mathema-

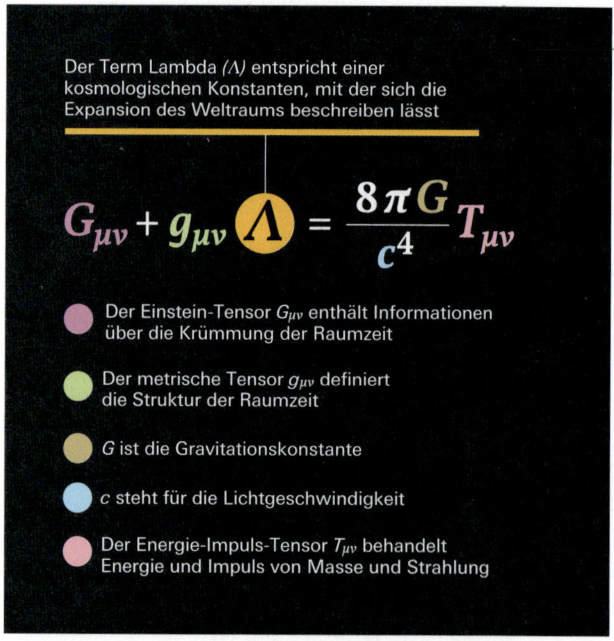

JEN CHRISTIANSEN / SCIENTIFIC AMERICAN DEZEMBER 2023; BEARBEITUNG: SPEKTRUM DER WISSENSCHAFT

EINSTEINSCHE FELDGLEICHUNGEN Die Gleichungen aus der allgemeinen Relativitätstheorie verknüpfen die Struktur von Raum und Zeit mit der darin enthaltenen Materie und Energie.

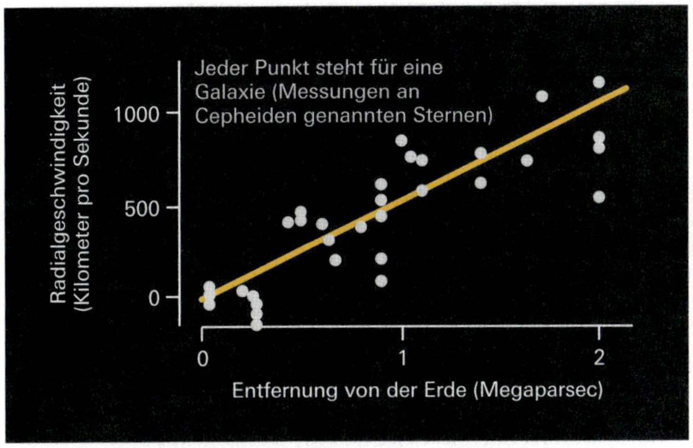

JEN CHRISTIANSEN / SCIENTIFIC AMERICAN DEZEMBER 2023; BEARBEITUNG: SPEKTRUM DER WISSENSCHAFT

HUBBLES URSPRÜNGLICHES DIAGRAMM
Vor rund einem Jahrhundert stellte Edwin Hubble fest, dass sich weiter entfernte Galaxien jenseits der Milchstraße schneller von uns wegbewegen.

tische Abkürzung sollte für eine unbekannte Wirkung stehen, die das Universum im Gleichgewicht hielt.

Im darauf folgenden Jahrzehnt machte der Astronom Edwin Hubble die Größe Lambda scheinbar überflüssig, als er entdeckte, dass es jenseits unserer eigenen Milchstraße weitere Galaxien gibt und dass sich diese insgesamt auf ziemlich gleichmäßige Weise von uns entfernen: je weiter weg, desto schneller. Es wirkte ganz so, als sei das Universum aus einem einzigen explosiven Ereignis entstanden. Belege für einen solchen Urknall fanden sich 1964, woraufhin aus der Spekulation ernsthafte Wissenschaft wurde. Sechs Jahre später wies der einflussreiche Astronom Allan Sandage – Hubbles ehemaliger Assistent – in einem Aufsatz in der Zeitschrift »Physics Today« einer ganzen Forschungsgeneration die Richtung. Sandage schrieb, die Urknallkosmologie sei »die Suche nach zwei Zahlen«, nämlich einerseits nach der Geschwindigkeit der Expansion und andererseits nach der Rate ihrer Verlangsamung im Lauf der Zeit.

Was letzteren Wert angeht, sollte es noch Jahrzehnte bis zu ernst zu nehmenden Untersuchungen dauern – jenen der Teams um Suntzeff, Schmidt und Perlmutter. Aber es war kein Zufall, dass dann gleich zwei Kollaborationen mehr oder weniger zur selben Zeit ihre Arbeit aufnahmen. Erst jetzt war es dank theoretischer und technologischer Fortschritte möglich geworden, die Änderung der Expansion zu vermessen.

Mit neuer Technologie in die Tiefen des Alls

In den späten 1980er und frühen 1990er Jahren vollzog sich bei den astronomischen Beobachtungstechniken ein Übergang von analogen zu digitalen Aufnahmen. Bis dahin konnten Fotoplatten lediglich etwa fünf Prozent der auf sie treffenden Photonen registrieren. Bei CCD-Sensoren wurden mehr als 80 Prozent möglich. Je mehr Licht ein Teleskop einfangen kann, desto weiter vermag es ins All zu schauen. Genau solche tiefen Einblicke in den Raum und somit (da die Lichtgeschwindigkeit endlich ist) in die Zeit waren die notwendigen Voraussetzungen für eine Untersuchung der Expansion.

Die klassische Darstellung, anhand der sich die Ausdehnung des Alls ablesen lässt, nennt sich Hubble-Diagramm. Es zeigt zwei Werte: auf der einen Achse die jeweilige Geschwindigkeit, mit der sich die Galaxien scheinbar von uns entfernen, auf der anderen die entsprechende Distanz.

Die Geschwindigkeit, mit der sich die Galaxien infolge der Ausdehnung des Weltraums wegbewegen, lässt sich messen, weil ihr Licht in den langwelligeren Bereich des elektromagnetischen Spektrums rückt. Das Phänomen heißt Rotverschiebung.

Die Entfernung zu bestimmen ist jedoch schwieriger. Dazu benötigt man eine »Standardkerze« – eine Klasse von Objekten, deren ausgesandte Lichtmenge überall und jederzeit gleich ist. Im Alltag wäre zum Beispiel eine herkömmliche 100-Watt-Glühbirne eine Standardkerze. Im Wissen um ihre absolute Leuchtkraft können Sie das allgemein gültige Abstandsgesetz anwenden, nach dem die scheinbare Helligkeit quadratisch mit der Distanz abnimmt. Abhängig davon, wie hoch die Intensität von Ihnen aus betrachtet ist, können Sie berechnen, wie weit die Glühbirne tatsächlich weg ist.

Die Standardkerzen, die Hubble bei der Erstellung seines Diagramms verwendete, waren so genannte Cepheiden. Das sind veränderliche Sterne, die in regelmäßigen Abständen heller und dunkler werden. Cepheiden sind jedoch in Entfernungen von mehr als 100 Millionen Lichtjahren nur noch schwer zu erkennen. Will man also die Expansionsrate im früheren Verlauf der Geschichte des Universums messen, braucht man eine Standardkerze, die man noch über Distanzen von Milliarden von Lichtjahren beobachten kann.

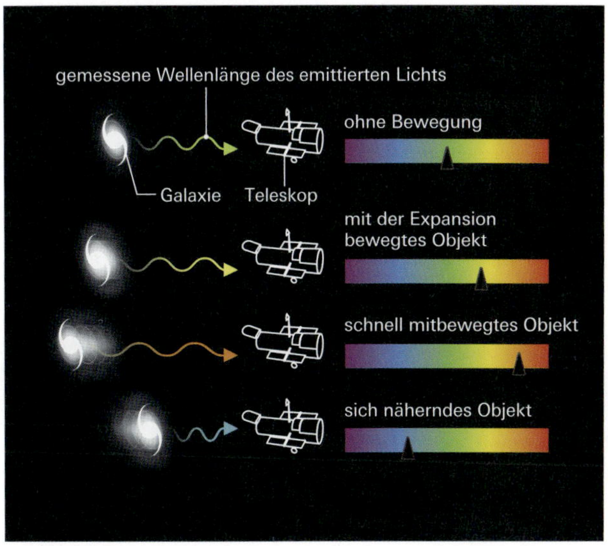

JEN CHRISTIANSEN / SCIENTIFIC AMERICAN DEZEMBER 2023; BEARBEITUNG: SPEKTRUM DER WISSENSCHAFT

KOSMOLOGISCHE ROTVERSCHIEBUNG
Das Licht einer Galaxie erscheint je nach ihrer Bewegung in anderen Wellenlängenbereichen.

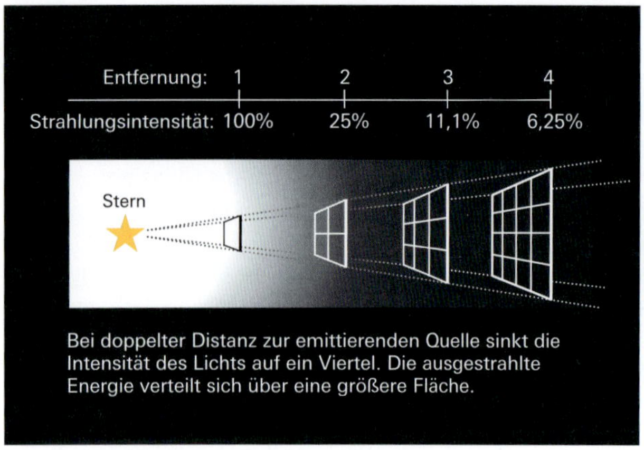

JEN CHRISTIANSEN / SCIENTIFIC AMERICAN DEZEMBER 2023; BEARBEITUNG: SPEKTRUM DER WISSENSCHAFT

ABSTANDSGESETZ Die wahrgenommene Intensität einer Lichtquelle sinkt quadratisch mit ihrer Distanz.

Ein Kandidat dafür tauchte in den späten 1980er Jahren auf. Dabei handelt es sich um eine Supernova vom Typ Ia, die bei der Explosion eines Weißen Zwergs stattfindet, wenn dieser zu viel Materie von einem Begleitstern aufnimmt. Die Logik lautete: Wenn die Ursache einer Explosion gleich bleibt, sollte die Wirkung – die absolute Leuchtkraft – ebenfalls stets dieselbe sein. Weitere Untersuchungen ergaben jedoch, dass der Effekt nicht einheitlich war; sowohl die scheinbare Helligkeit als auch die Zeitspanne der Sichtbarkeit des »neuen Sterns« waren von Supernova zu Supernova unterschiedlich.

1992 erkannte Mark Phillips vom Cerro Tololo Inter-American Observatory (und späteres Mitglied des Teams von Suntzeff und Schmidt) einen Zusammenhang zwischen der absoluten Leuchtkraft einer Supernova und dem Verlauf ihrer scheinbaren Helligkeit vom ersten Aufflackern bis zum Abklingen: Helle Supernovae werden allmählich schwächer, während weniger intensive Supernovae abrupt abklingen. Supernovae vom Typ Ia waren also keine perfekten Standardkerzen, aber vielleicht waren sie standardisierbar.

Mehrere Jahre lang hatte Perlmutters SCP-Kollaboration auf Typ-Ia-Supernovae als brauchbare Standardkerzen gesetzt. Heidi Jo Newberg, ein frühes Mitglied des SCP-Teams, schrieb in ihrer Dissertation von 1992, es sei umstritten, ob einzelne Supernovae vom Typ Ia »nicht in das Modell passen«. Aber, so fügte sie hinzu, »es ist klar, dass sich die überwältigende Mehrheit auffallend ähnelt«. Diese Supernovae mussten jedoch erst standardisierbar werden, bevor Schmidt und Suntzeff entsprechenden Messungen der Expansion im Rahmen ihrer High-z-Kollaboration (z steht in der Astronomie für die Rotverschiebung) ihre und weitere Forschungskarrieren widmen würden.

Hubbles ursprüngliches Diagramm hatte einen geradlinigen Zusammenhang von Geschwindigkeit und Entfernung nahegelegt (die damals verwendeten Fehlerbalken würden einer kritischen Überprüfung heute allerdings nicht standhalten). In den 1990er Jahren entschieden sich die beiden Teams dafür, die Rotverschiebung (als Maß der Geschwindigkeit) auf der x-Achse und die scheinbare Helligkeit (als Maß der Entfernung) entlang der y-Achse aufzutragen. Wenn man von einer sich tatsächlich verlangsamenden Expansion ausgeht, müsste der Verlauf irgendwann von der Geraden abweichen und sich nach unten biegen. Das würde anzeigen, dass die schnelleren Objekte vergleichsweise heller und damit näher sind als erwartet.

Eine willkommene Revolution

Von 1994 bis 1997 nutzten die beiden Gruppen große Teleskope auf der Erde und vor allem das Hubble-Weltraumteleskop. Mit Hilfe der Daten von Dutzenden von Supernovae erweiterten sie das Hubble-Diagramm immer mehr. In der ersten Woche des Jahres 1998 hatten sich bei beiden Teams die Hinweise darauf erhärtet, dass die Linie tatsächlich abknickt. Doch anstatt sich nach unten zu wölben, stieg sie steiler nach oben. Das deutete darauf hin, dass die Supernovae schwächer erschienen als erwartet und sich die Expansion daher nicht verlangsamte, sondern beschleunigte. Das war eine völlig kontraintuitive – und revolutionäre – Schlussfolgerung.

Die wissenschaftliche Gemeinschaft schloss sich der Revolution erstaunlich zügig an. Bereits im Mai, nur fünf Monate nach der Entdeckung, hatte das Teilchenphysik-Forschungszentrum Fermilab bei Chicago eine Konferenz einberufen, um die Ergebnisse zu diskutieren. Am Ende stimmten in einer Ad-hoc-Umfrage zwei Drittel der Anwesenden dafür, die Beweise zu akzeptieren und die Existenz »Dunkler Energie« in Betracht zu ziehen (der Begriff wurde von dem theoretischen Kosmologen Michael Turner von der University of Chicago ins Spiel gebracht, in Anspielung auf die Dunkle Materie). Einsteins Lambda, so schien es, war wieder da.

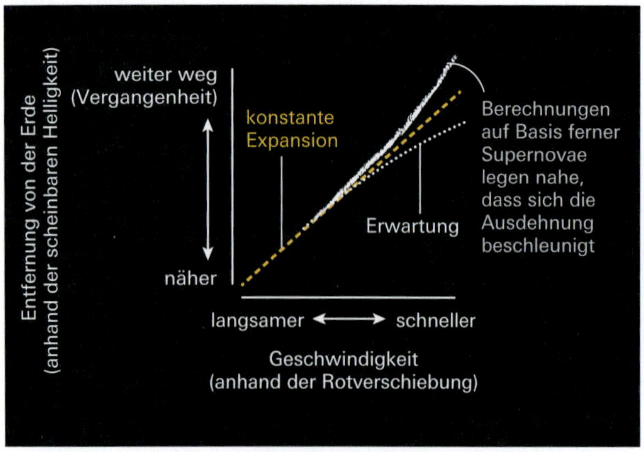

JEN CHRISTIANSEN / SCIENTIFIC AMERICAN DEZEMBER 2023; BEARBEITUNG: SPEKTRUM DER WISSENSCHAFT

ERWEITERTES HUBBLE-DIAGRAMM Neuere Messungen von Galaxien in größeren Entfernungen zeigten, dass sich die Expansion nicht verlangsamt wie erwartet, sondern sogar beschleunigt.

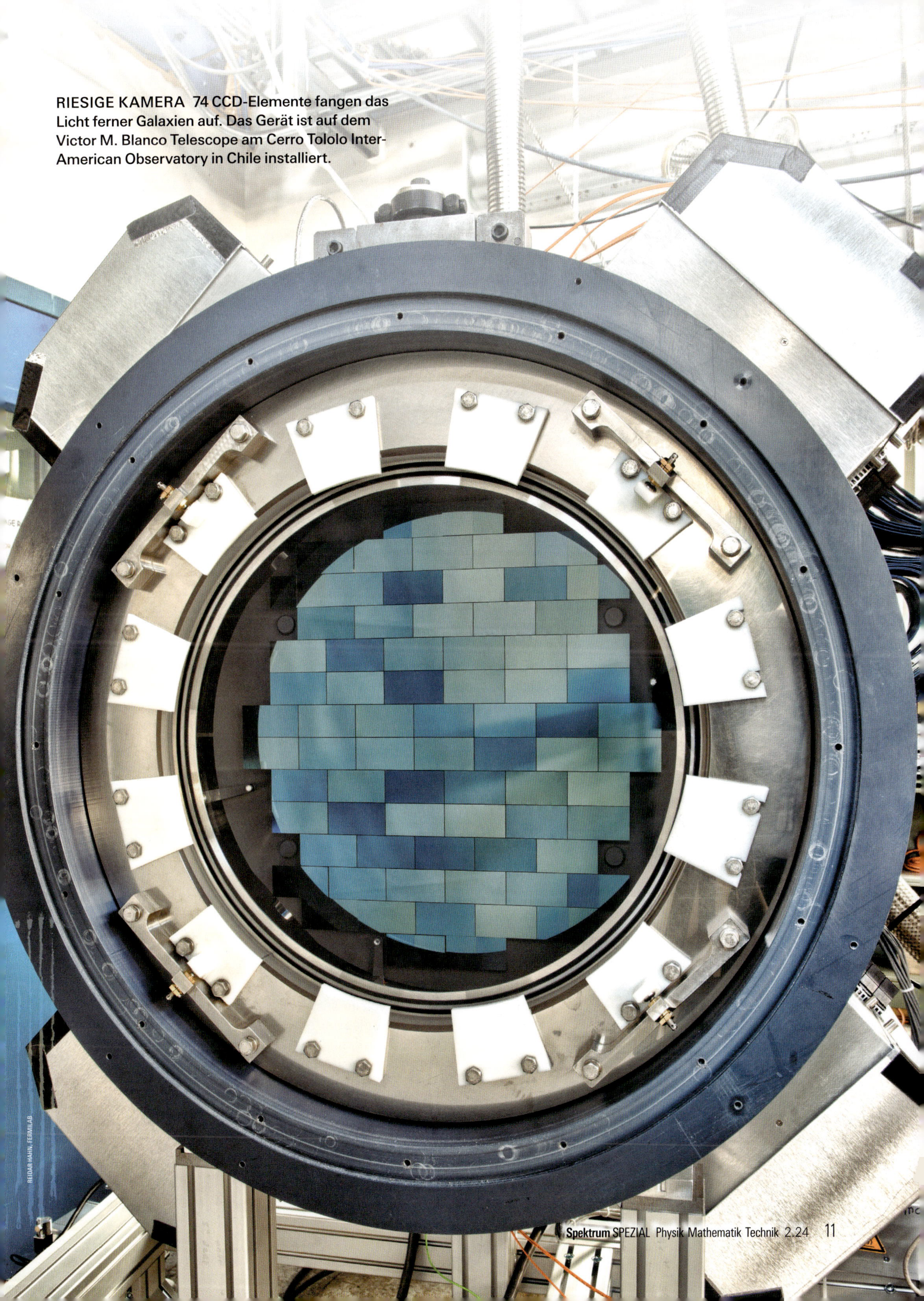

RIESIGE KAMERA 74 CCD-Elemente fangen das Licht ferner Galaxien auf. Das Gerät ist auf dem Victor M. Blanco Telescope am Cerro Tololo Inter-American Observatory in Chile installiert.

REIDAR HAHN, FERMILAB

EIN KEIL FÜR DEN KOSMOS In der DESI-Fokusebene liegen zehn kuchenscheibenförmige Stücke mit jeweils 500 Glasfasern. Deren Enden werden automatisiert auf die Position einer bestimmten Galaxie ausgerichtet, um ihr Spektrum aufzunehmen.

Einige der Faktoren, die zu dem raschen Konsens führten, waren soziologischer Natur. Zwei Forschungsteams waren unabhängig voneinander zu demselben Ergebnis gekommen, das obendrein das Gegenteil von dem erwarteten war. Beide hatten größtenteils unterschiedliche Daten (getrennte Sätze von Supernovae) verwendet, und es lief ein intensiver Wettbewerb zwischen beiden. »Ihr größtes Bestreben«, resümiert Turner, »war es, zu einer anderen Antwort zu gelangen als die gegnerische Gruppe.«

Mindestens ebenso überzeugten jedoch wissenschaftliche Aspekte. Das Ergebnis löste einige damals herrschende Widersprüche auf. Wie konnte ein Universum jünger sein als seine ältesten Sterne? Wie konnten großräumige Strukturen, beispielsweise Superhaufen von Galaxien, so früh reifen und den Kosmos in das Äquivalent der Pubertät versetzen, während er noch ein Kleinkind war?

Nun schienen die Probleme gelöst. Eine Expansion, die sich jetzt beschleunigt, impliziert eine, die in der Vergangenheit weniger rasch verlief; daher ist seit dem Urknall mehr Zeit vergangen als zuvor angenommen. Das Universum ist älter als gedacht – das Kleinkind war also doch schon ein Teenager.

Die fehlende Zutat zur Geometrie der Raumzeit

Aber der vielleicht überzeugendste Grund, warum die Existenz der Dunklen Energie so bereitwillig akzeptiert wurde, lautet: Sie war die nötige Zutat, um das Weltbild abzurunden. Jahrelang hatten sich Kosmologen gefragt, warum die Dichte des Universums so gering zu sein schien. Nach dem damals (und auch heute noch) vorherrschenden Modell durchlief das Universum eine Phase der »Inflation«, die etwa 10^{-36} Sekunden nach dem Urknall begann (das ist der Bruchteil einer Sekunde, der so klein ist, dass nach dem Komma erst nach 35 Nullen eine Eins folgt) und etwa 10^{-33} Sekunden nach dem Urknall endete. In dieser winzigen Zeitspanne hat sich das Universum um den Faktor 10^{26} aufgeblasen.

Durch die Inflation wäre der Raum gewissermaßen geglättet worden. Dadurch sähe das Universum in allen Richtungen ungefähr gleich aus, egal wo man sich darin befindet – so, wie es bei unserem Weltall der Fall ist. Geometrisch gesehen müsste es flach sein. Das wiederum setzt voraus, dass seine tatsächliche Energiedichte so groß ist wie die Dichte, die notwendig ist, damit es nicht kollabiert. Das Verhältnis zwischen beiden muss also bei einem Wert von genau eins liegen.

Vor 1998 deuteten Beobachtungen darauf hin, dass die Zusammensetzung des Universums bei Weitem nicht dieser kritischen Dichte entsprach. Der Wert lag bei knapp einem Drittel. Ein Teil entfällt auf so genannte Baryonen, das ist die normale sichtbare Materie auf Basis von Protonen und Neutronen. Hinzu kommt ein viel größerer Teil aus Dunkler Materie, die sich nicht direkt beobachten lässt, die aber insbesondere seit den 1970er Jahren immer besser indirekt nachweisbar ist durch die von ihr ausgeübte Gravitationswirkung. Die Dunkle Energie würde die Aufsummierung vervollständigen: Ihr Beitrag zur Energiedichte läge tatsächlich im Bereich von zwei Dritteln, gerade genug, um die kritische Dichte zu erreichen.

Soziologische Einflüsse und theoretische Vorlieben sollten jedoch bei der wissenschaftlichen Methode keine Rolle spielen – dass sie es dennoch tun, ist ein Thema für sich. Wo also waren die empirischen Beweise? Wie sich herausstellte: überall um uns herum.

Genauer gesagt besteht eine Methode zur Entschlüsselung des Aufbaus des Universums darin, den allgegenwärtigen, 1964 entdeckten kosmischen Mikrowellenhintergrund (cosmic wave background, kurz CMB) zu untersuchen. Der CMB erscheint am gesamten Himmel und stammt aus der Zeit, als das Universum gerade einmal rund 380000 Jahre alt war. Damals gingen Atome und Licht zum ersten Mal getrennte Wege. Winzige Temperaturschwankungen im Licht des CMB sind so etwas wie der Fingerabdruck der Energie und Materie des frühen Universums. Dieses Muster kann man mit Millionen von simulierten Universen vergleichen, jedes mit seinen eigenen Mengen an baryonischer Materie, Dunkler Materie und Dunkler Energie. Sie erzeugen alle einzigartige Strukturen.

Der US-Satellit Wilkinson Microwave Anisotropy Probe (WMAP), der 2001 startete und von 2003 bis 2012 Daten lieferte, vermaß den Mikrowellenhintergund sehr genau. Das europäische Weltraumobservatorium Planck war noch präziser und begann 2009 mit der Datensammlung; 2018 wurden die endgültigen Ergebnisse veröffentlicht. Sie untermauerten die bis dahin gewonnenen Erkenntnisse zum CMB und zu dem Universum, das laut Simulationen dazu passt: Es besteht zu 4,9 Prozent aus baryonischer Materie, zu 26,6 Prozent aus Dunkler Materie und zu 68,5 Prozent aus Dunkler Energie.

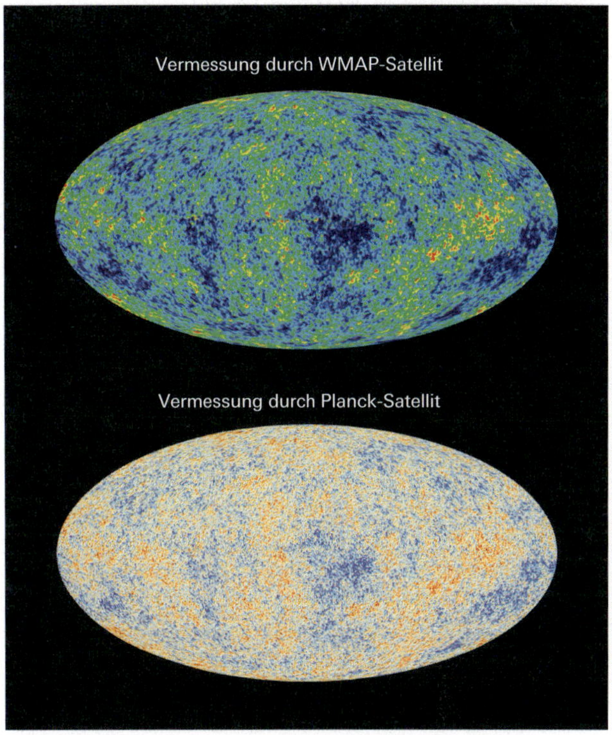

OBEN: NASA/WMAP SCIENCE TEAM (HTTPS://MAP.GSFC.NASA.GOV/MEDIA/121238/INDEX.HTML); UNTEN: ESA AND THE PLANCK COLLABORATION (HTTPS://WWW.ESA.INT/ESA_MULTIMEDIA/IMAGES/2013/03/PLANCK_CMB/); BEARBEITUNG: SPEKTRUM DER WISSENSCHAFT

KOSMISCHER MIKROWELLENHINTERGRUND
Das Muster aus kleinen Fluktuationen der Strahlung, die den gesamten Himmel umspannt, gilt als Nachleuchten des Urknalls. Es wurde unter anderem mit zwei spezialisierten Satelliten genau vermessen.

Nützlich, aber völlig rätselhaft

Trotz aller Triumphe der Dunklen Energie bei der Rettung des kosmologischen Standardmodells bleibt die aus theoretischer Sicht nächstliegende Frage allerdings unbeantwortet: Worum genau handelt es sich dabei? Die Dunkle Energie vervollständigt zwar das Bild auf den großen Skalen, bei denen die allgemeine Relativitätstheorie eine Rolle spielt. Aus mikroskopischer Sicht ergibt sie jedoch keinen Sinn.

Laut der Quantenphysik ist der Raum nie wirklich leer. Ständig entstehen und vergehen Teilchen. Jedes von ihnen trägt Energie. Die Erklärung, dabei handle es sich um die Dunkle Energie, scheint nahezuliegen – aber bedauerlicherweise liefern quantenmechanische Rechnungen Werte für die Energiedichte, die um satte 120 Größenordnungen abweichen. Das ist selbst für die Verhältnisse der Kosmologie eine zu große Fehlerspanne.

Bereits unmittelbar nach der Entdeckung der beschleunigten kosmischen Expansion, im Winter 1998, versuchten Theoretiker, den Abstand zwischen quantenphysikalischer Vorhersage und astronomischer Wirklichkeit zu verkleinern. Schließlich flossen so viele Anstrengungen in den Versuch, den Abgrund zwischen Beobachtung und Modell zu überbrücken, dass die astronomische Gemeinschaft Gefahr lief, sich darin zu verlieren. Zumindest befürchtete das der Theoretiker Simon White vom Max-Planck-Institut für Astrophysik in Garching 2007 in einem umstrittenen Essay mit dem Titel »Warum Dunkle Energie schlecht für die Astronomie ist«.

Wo waren die empirischen Beweise? Überall um uns herum

Zu Beginn dieser Zeit, in der sich die Diskrepanzen partout nicht kitten ließen, verliehen die Vertreter der beobachtenden Astronomie ihrem Unmut ungeniert Ausdruck. Adam Riess, der Erstautor der Veröffentlichung des High-z-Teams, las jeden Tag pflichtbewusst neue Arbeiten, aber hielt die meisten Hypothesen laut eigener Aussage für ziemlich ausgeflippt. Perlmutter begann seine öffentlichen Präsentationen mit einer Illustration davon, wie sich dutzendweise Veröffentlichungen mit »Erklärungen« für die Dunkle Energie stapelten. Schmidt zeigte auf Konferenzen eine Folie, auf der er schlicht die Titel von 47 theoretischen Ansätzen auflistete, die er aus den damals 2500 verfügbaren ausgewählt hatte, wobei er neben der reinen Anzahl die Namen für sich selbst sprechen ließ: »Fünfdimensionale Ricci-flache Rückprall-Kosmologie«, »Dunkle Energie aus diatomarem Geist-Kondensat«, »Pseudo-Nambu-Goldstone Bosonen-Quintessenz«. »Wir bitten Sie um Hilfe«, trug Schmidt Anfang 2007 vor Theoretikern vor. »Sagen Sie uns, was genau Sie benötigen, und wir beobachten es da draußen für Sie.«

Inzwischen hat sich die Frustration in eine Haltung verwandelt, die an Gleichgültigkeit grenzt. Heute sagt

Suntzeff (der die Leitung des High-z-Teams schließlich aus persönlichen Gründen an Schmidt abgab), dass er die tägliche Flut von online erscheinenden Veröffentlichungen kaum eines Blickes würdigt. Richard Ellis aus dem SCP-Team konstatiert: »Es gibt endlos viele Theorien darüber, was Dunkle Energie sein könnte, aber ich neige dazu, ihnen nicht viel Glauben zu schenken.« Um zu erklären, was Dunkle Energie ist, müssen Theoretiker wissen, wie sie sich verhält. Verändert sie sich zum Beispiel im Verlauf von Raum und Zeit? »Für Fortschritte brauchen wir genauere Beobachtungen«, stellt Ellis fest.

Neue Strategien für verlässliche Aussagen

Tatsächlich stehen allmählich bessere Daten zur Verfügung. Die systematische Suche nach Supernovae vom Typ Ia füllt das Hubble-Diagramm mit immer mehr Datenpunkten, und diese tummeln sich innerhalb immer engerer Fehlerbalken. Das ist grundsätzlich erfreulich, es wäre jedoch nützlicher, wenn sich die Beobachtungen auch wirklich erklären ließen. Stattdessen erzwingen sie, dass man sich ständig vergewissert, überhaupt das Richtige zu messen. Wie vertrauenswürdig ist die scheinbare Einheitlichkeit überhaupt? Das hängt davon ab, wie zuverlässig die Annahmen sind, die den Daten und den Messungen der Entfernungen mittels Supernovae zu Grunde liegen.

»Meiner Meinung nach ist Wert dieser Methode im Lauf der Jahre etwas gesunken«, urteilt Ellis, der inzwischen am University College London lehrt. Beispielsweise hält er es für »fast sicher, dass es mehr als einen physikalischen Mechanismus gibt, durch den ein Weißer Zwerg in einem Doppelsternsystem explodieren kann«. Unterschiedliche Mechanismen könnten Daten bedingen, die – anders als zu Beginn der 1990er Jahre angenommen – eben nicht standardisierbar sind.

Ein zusätzliches Problem: Laut Analysen der chemischen Zusammensetzungen von Supernovae enthalten ältere Exemplare leichtere Elemente als solche, die erst in jüngerer Zeit entstanden sind. Das passt zu der Theorie, der zufolge nachfolgende Generationen explodierender Sterne zunehmend schwerere Elemente hervorbringen. »Daher ist die Annahme logisch, dass weniger weit entwickeltes Material, das tiefer in der Vergangenheit auf einen Weißen Zwerg getroffen ist, den Ablauf der Explosion verändern könnte«, sagt Ellis. Trotzdem seien Supernovae als Untersuchungsobjekte weiterhin sehr begehrt.

So suchen die Beteiligten beim Projekt Nearby Supernova Factory, das aus dem SCP hervorgegangen ist, nach »Zwillingen«: Anstatt alle Supernovae vom Typ Ia wie eine einheitliche Art zu behandeln, studieren sie die Eigenschaften des Lichts einzelner Exemplare. Dabei spüren sie Paaren nach, deren Helligkeit bei verschiedenen Wellenlängen im Lauf der Zeit ähnlichen Mustern folgt. Sobald die Teammitglieder übereinstimmende Supernovae gefunden haben, standardisieren sie sie anhand dieser Daten.

Von 2025 an sollen mit zwei neuen Einrichtungen in Chile umfangreiche Durchmusterungen tausender Supernovae am Südhimmel möglich werden. Zunächst wird das Vera C. Rubin Observatory mit einem 8,4 Meter großen Spiegel die Ereignisse aufspüren. Daraufhin kann ein 4MOST abgekürztes Teleskop (für 4-metre Multi-Object Spectrograph Telescope) die chemischen Bestandteile identifizieren. Mit solchen Informationen dürfte sich besser klären lassen, inwieweit Supernovae mit schwereren Elementen auf andere Weise explodieren.

Was Weltraumteleskope anbelangt, so werden zunächst weiterhin Supernovae aus den Hubble-Archiven untersucht. Riess rechnet außerdem damit, dass sich das James Webb Space Telescope (JWST) den Supernovae mit besonders großer Rotverschiebung zuwenden kann, sobald erst einmal mehr der primären Ziele der Raumfahrtmission erreicht sind. Viele hoffen außerdem auf das Nancy Grace Roman Space Telescope, das von 2027 an in Betrieb gehen könnte.

Die Beobachtung von Supernovae ist jedoch nicht die einzige Möglichkeit, der Natur der Dunklen Energie nachzuspüren. Eine alternative Herangehensweise ist die Untersuchung so genannter baryonischer akustischer Oszillationen (BAO). Dabei handelt es sich um Dichtewellen, die im heißen und chaotischen frühen Universum durch die Wechselwirkungen zwischen Baryonen, anziehender Gravitation und abstoßendem Lichtdruck hervorgerufen wurden. Die so entstandenen Muster froren gewissermaßen ein, als sich der Kosmos hinreichend

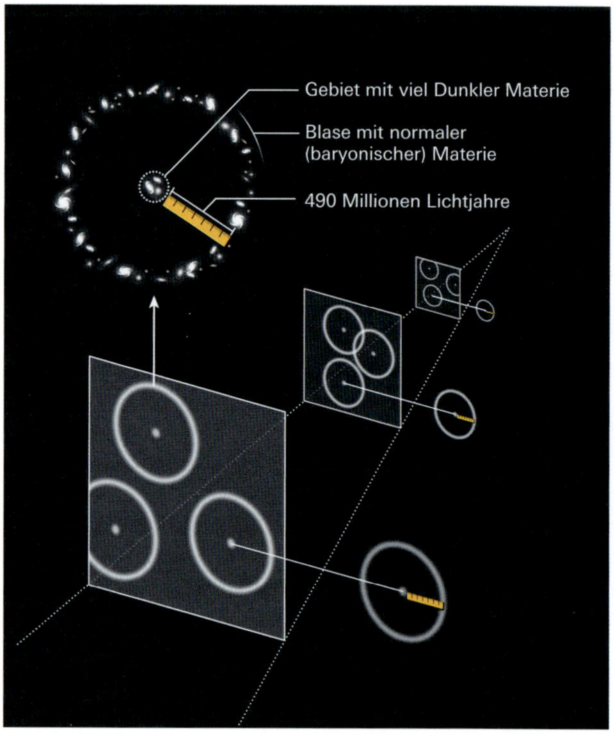

JEN CHRISTIANSEN / SCIENTIFIC AMERICAN DEZEMBER 2023; BEARBEITUNG: SPEKTRUM DER WISSENSCHAFT

BARYONISCHE AKUSTISCHE OSZILLATIONEN
Dichtewellen aus dem frühen Universum haben sich unter anderem auf die heute beobachtbare Verteilung der Galaxien ausgewirkt.

Die Frustration hat sich in eine Haltung verwandelt, die an Gleichgültigkeit grenzt

abgekühlt hatte. Sie prägten sich auch dem Mikrowellenhintergrund auf. Ähnlich wie Supernova-Standardkerzen eine Entfernungsskala bereitstellen, liefert das BAO-Standardlineal eine Längenskala für Abstände am Himmel. Man kann messen, wie weit diese Oszillationen im CMB auseinanderliegen und das damit vergleichen, wie sich die Dichteschwankungen über Raum und Zeit entwickelt und allmählich in der Struktur von Galaxienhaufen niedergeschlagen haben. Ellis, ein BAO-Experte, nennt die Methode »den wahrscheinlich saubersten Weg, um die Expansionsgeschichte des Universums nachzuvollziehen«.

Zwei große BAO-Messkampagnen sollen es ermöglichen, die kosmische Entwicklung bis in immer frühere Epochen des Universums zurückzuverfolgen. Das Dark Energy Spectroscopic Instrument (DESI) am Kitt Peak National Observatory in Arizona sammelt Spektren, das heißt in seine einzelnen Wellenlängen aufgeschlüsseltes Licht, von etwa 35 Millionen Galaxien, Quasaren und Sternen. Daraus lässt sich eine 3-D-Karte des Universums erstellen. Die Informationen reichen bis in eine Zeit zurück, in der das Universum etwa ein Viertel seines heutigen Alters hatte. Ein erster Datensatz zu knapp zwei Millionen Objekten wurde im Juni 2023 veröffentlicht.

Ein Prime Focus Spectrograph genanntes Instrument am Subaru-Teleskop auf dem Mauna Kea auf Hawaii wird von 2025 an die mit DESI gewonnenen Erkenntnisse ergänzen. Die Kollaboration, bei der Ellis eine leitende Funktion innehat, wird in noch größere Entfernungen blicken und auf der so gewonnenen Datenbasis eine eigene 3-D-Karte des Kosmos anfertigen. Die am 1. Juli 2023 gestartete europäische Raumsonde Euclid wird ebenfalls zum BAO-Katalog beisteuern. Euclid setzt außerdem auf eine weitere Methode zur Messung der Dunklen Energie jenseits von Supernovae: schwache Gravitationslinsen.

Dieser recht neue Ansatz macht sich eine Auswirkung der allgemeinen Relativitätstheorie zu Nutze. Sehr massereiche Objekte wie Galaxien oder Galaxienhaufen krümmen den Weg des Lichts und können daher als eine Art Vergrößerungsglas für weiter entfernte Objekte dienen. Der Einfluss der Dunklen Energie wiederum wirkt dem Zusammenhalt der Galaxienhaufen entgegen. So können Veränderungen beim Gravitationslinseneffekt Aufschluss über die Konkurrenz zwischen anziehender Schwerkraft und abstoßender Dunkler Energie geben. Auch die Daten von Euclid sollten in den nächsten Jahren verfügbar werden.

Perlmutter betont, seit der Entdeckung der Beschleunigung hätten Kosmologen auf ein Experiment gehofft, das 20-mal präziser sei. »Jetzt haben wir endlich die Chance, im Lauf der kommenden fünf Jahre zu sehen, was passiert, wenn dieses Niveau erreicht ist.«

Im Dezember 1998 kürte die Fachzeitschrift »Science« die Dunkle Energie zum »Durchbruch des Jahres«. Seitdem haben die Pioniere des Felds zahlreiche Auszeichnungen erhalten, die 2011 in der Verleihung des Nobelpreises für Physik an Saul Perlmutter, Adam Riess und Brian Schmidt gipfelten. Die Dunkle Energie ist seither zu einem wesentlichen Bestandteil des kosmologischen Standardmodells geworden, zusammen mit der baryonischen Materie, der Dunklen Materie und der Inflation nach dem Urknall.

Und dennoch besteht – wie immer in der Wissenschaft – die Möglichkeit, dass einige fundamentale Annahmen falsch sind. Zum Beispiel könnte unser Verständnis der Schwerkraft unvollständig sein, wie manche Theoretiker vermuten. Das würde die Daten verzerren. In so einem Fall würden etwa die Ergebnisse der BAO-Messungen und der schwachen Gravitationslinsen voneinander abweichen. Dann müsste die Kosmologie ihre Grundkonzepte überarbeiten.

Aus wissenschaftlicher Sicht wäre so etwas nicht das Schlimmste. »Was Physiker zur Physik gebracht hat, ist normalerweise nicht der Wunsch zu verstehen, was wir bereits wissen«, äußerte Perlmutter vor einigen Jahren, »sondern die Hoffnung, das Universum bei einem bizarren Ausrutscher zu erwischen. Wir lieben es, dass unsere Intuition über die Welt trügerisch sein kann.« Auf dieses Zitat angesprochen, meint Perlmutter nun: »Ich bin sehr froh, das gesagt zu haben, denn es entspricht dem, was ich überall um mich herum beobachte.« Dennoch stellt er in Bezug auf Fortschritte (oder besser ihr Ausbleiben) fest: »Es zieht sich hin.« Und lacht. »Es ist schön, wenn Geheimnisse zu lüften sind, aber es wäre nett, wenn es dabei etwas rascher voranginge, sei es von der experimentellen oder der theoretischen Seite.«

Vielleicht hilft dabei die bevorstehende Datenflut. Herauszufinden, wie sich die Dunkle Energie mit dem Raum und der Zeit verändert, würde einen entscheidenden Beitrag dazu leisten, das letzte Kapitel in der Geschichte des Universums zu schreiben. Bis dahin wird sich eine Generation von Wissenschaftlerinnen und Wissenschaftlern, die sich das zum Ziel gesetzt hat, mit einem bescheideneren Schlusssatz begnügen müssen: Fortsetzung folgt. ◂

KOSMOLOGIE

Wie standhaft ist das Standardmodell?

Zunächst schien es, als würde das James Webb Space Telescope bereits mit seinen ersten Bildern von fernen Galaxien unsere derzeit beste Theorie zur Entwicklung des Weltalls aushebeln. Nachjustierungen bei den Modellen bringen die Beobachtungen wieder mit ihr in Einklang – dennoch bleiben viele Fragen offen.

Rebecca Boyle ist Wissenschaftsjournalistin in St. Louis im US-Staat Missouri.

ERSTE STERNE Aus den Gaswolken des jungen Weltalls haben sich sehr massereiche Sterne gebildet, die wie in dieser Illustration intensiv im blauen Spektralbereich strahlten. Frühe Galaxien könnten unerwartet hell leuchten, wenn sie solche Objekte enthielten.

ARKVINCENT / STOCK.ADOBE.COM

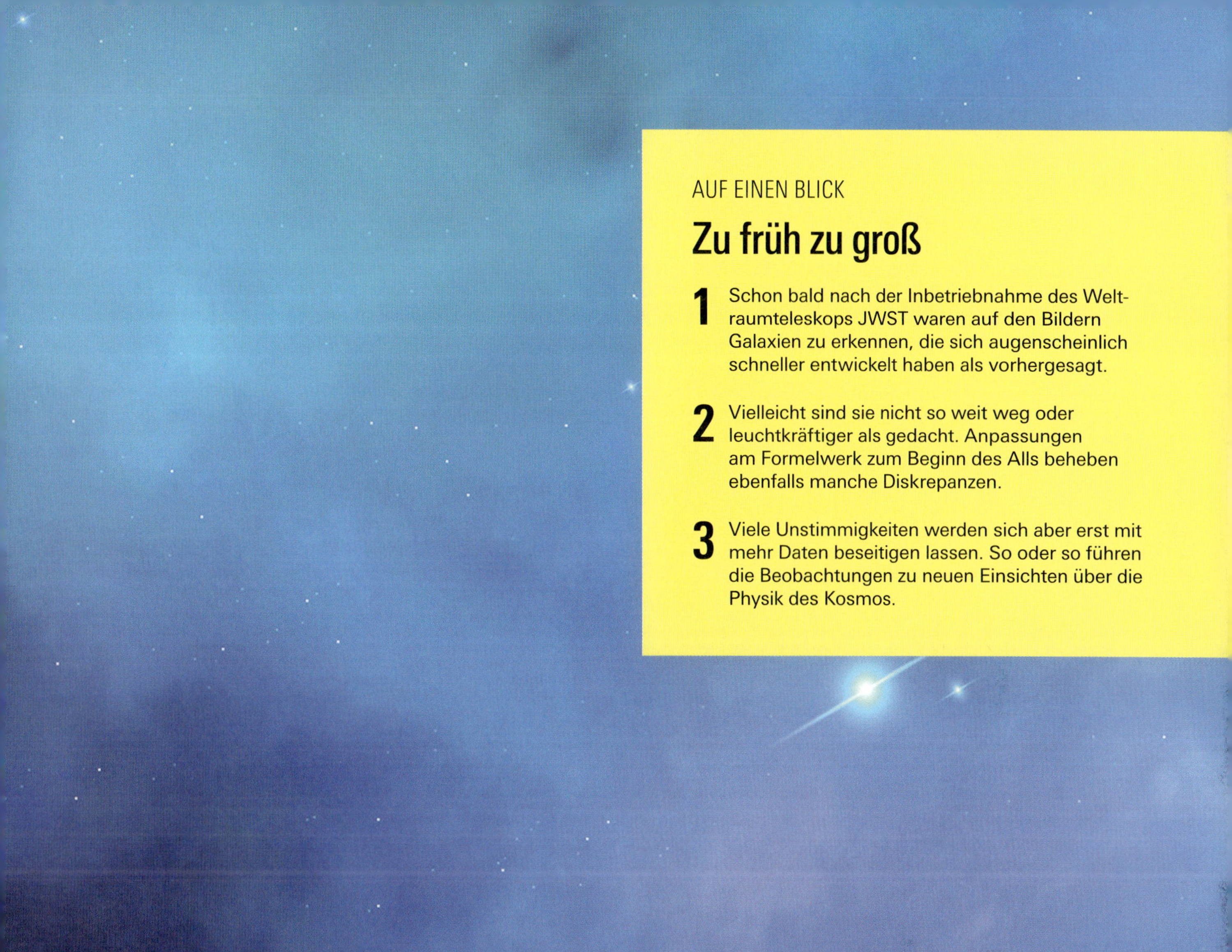

AUF EINEN BLICK

Zu früh zu groß

1 Schon bald nach der Inbetriebnahme des Weltraumteleskops JWST waren auf den Bildern Galaxien zu erkennen, die sich augenscheinlich schneller entwickelt haben als vorhergesagt.

2 Vielleicht sind sie nicht so weit weg oder leuchtkräftiger als gedacht. Anpassungen am Formelwerk zum Beginn des Alls beheben ebenfalls manche Diskrepanzen.

3 Viele Unstimmigkeiten werden sich aber erst mit mehr Daten beseitigen lassen. So oder so führen die Beobachtungen zu neuen Einsichten über die Physik des Kosmos.

Die Risse im Theoriegebäude der Kosmologie tauchten erstaunlich schnell auf. Kaum hatte das James Webb Space Telescope (JWST) im Frühjahr 2022 zum ersten Mal die Tiefen des Alls anvisiert, da gerieten schon extrem weit entfernte, aber sehr leuchtkräftige Galaxien ins Sichtfeld. »Sie waren immens hell und stachen regelrecht heraus«, erinnert sich Rohan Naidu, Astronom am Massachusetts Institute of Technology. Die Entfernung der Galaxien von der Erde schien darauf hinzudeuten, dass sie viel früher in der Geschichte des Universums herangewachsen sind als bis dahin angenommen.

Zwar gab es Zweifel an der Belastbarkeit der Daten, doch zumindest für einige der Galaxien bestätigte eine Untersuchung im Dezember 2022: Die Galaxien müssen tatsächlich erstaunlich kurz nach dem Urknall entstanden sein. Eine von ihnen sendete ihre Strahlung 330 Millionen Jahre nach der Geburt des Kosmos aus und ist damit der neue Rekordhalter für die früheste bekannte Struktur im Universum. Ihr Leuchten ist relativ schwach, allerdings sind andere Kandidaten, die grob aus derselben Epoche stammen, deutlich heller und deswegen potenziell entsprechend größer.

Damit stellen sich heikle Fragen. Wie konnten sich bereits so zeitig inmitten heißer Gaswolken Sterne bilden? Was trieb sie dazu, sich derart hastig zu großen, gravitativ gebundenen Strukturen zusammenzufinden? Es ist ein wenig so, als fände man in den frühesten erdgeschichtlichen Gesteinsschichten ein fossiles Kaninchen.

Das derzeitige Verständnis von der Entwicklung des Alls war angeschlagen. Einige Fachveröffentlichungen und Medienberichte hielten das LCDM genannte kosmologische Standardmodell schon für angezählt und interpretierten die Beobachtungen als Hinweise auf neue Teilchen oder Gesetzmäßigkeiten. Doch bislang zeigen sich die LCDM-Gleichungssysteme standhaft. Statt die Regeln des Universums neu schreiben zu müssen, überdenken Forschungsteams ihr Bild von der Entstehung von Galaxien in der Frühzeit des Universums. Das JWST hat das kosmologische Weltbild bisher nicht zu Fall gebracht, könnte aber mit seinen Funden trotzdem für eine astronomische Sensation sorgen.

Um zu verstehen, warum die Entdeckung sehr früher, heller Galaxien so überraschend ist, hilft ein Blick auf das, was wir über das Universum wissen – oder zu wissen glauben. Nach dem Urknall war der junge Weltraum von heißem Plasma erfüllt. Es kühlte sich innerhalb weniger Millionen Jahre ab, und die herumfliegenden Elektronen, Protonen und Neutronen verbanden sich zu Atomen, hauptsächlich zu neutralem Wasserstoff. Eine gewisse

MARKVINCENT / STOCK.ADOBE.COM

und unbestimmte Zeit lang tauchte das Universum in das »Dunkle Zeitalter«, in dem nichts mehr neue Strahlung aussendete. Dann geschah etwas Bemerkenswertes.

Laut dem Standardmodell besteht der größte Teil der Materie aus der unsichtbaren so genannten Dunklen Materie. Sie hat mit ihrer Schwerkraft die Entwicklung der Strukturen des Kosmos stark beeinflusst, vor allem am Anfang. Laut dem LCDM-Modell verteilten sich die langsam herumfliegenden und deswegen kalt genannten Teilchen der Dunklen Materie (dafür stehen in der Abkürzung die Buchstaben CDM: cold dark matter) zufällig im All. In einigen Regionen gab es daher etwas dichtere Ansammlungen, und dort konzentrierte sich die Dunkle Materie zu immer kompakteren Klumpen. Von ihrer Schwerkraft angezogen, bewegte sich auch die sichtbare Materie dahin. Als die Wolken aus Atomen abkühlten, kondensierten sie schließlich zu den ersten Sternen. Deren Strahlung schlug Ladungen aus den neutralen Wasserstoffatomen in der Umgebung, und für das Universum begann die Epoche der so genannten Reionisierung. Unterdessen wuchsen, getrieben von der Gravitation, größere und komplexere Strukturen heran und bildeten ein riesiges Netz von Galaxien.

Himmlischer Hefeteig

Der Kosmos selbst dehnte sich zugleich immer weiter aus. Als Analogie dafür dient manchmal der aufgehende Teig eines Rosinenbrötchens. Während die Mischung aus Wasser, Hefe und Mehl größer wird, entfernen sich die darin enthaltenen Rosinen (die Galaxien) weiter voneinander. Wie Auswertungen aus den späten 1990er Jahren zeigten, beschleunigt sich die Expansion sogar. Die Galaxien fliegen in einem Tempo auseinander, das die Wirkung der wechselseitigen Anziehungskraft übersteigt. Der Vorgang scheint durch eine abstoßende Kraft des Raums selbst angetrieben zu werden. Das ist die so genannte Dunkle Energie, die in den Formeln durch den griechischen Buchstaben Lambda bezeichnet wird (dafür steht das L in LCDM).

Mit den passenden Werten für Lambda, die kalte Dunkle Materie sowie die normale Materie und Strahlung erhält man aus den Gleichungen der allgemeinen Relativitätstheorie ein Modell für das grobe Verhalten des Universums als Ganzes. Es beschreibt fast alle kosmologischen Beobachtungen. Eine Möglichkeit zur Überprüfung dieses Konstrukts ist ein Blick auf sehr weit entfernte Galaxien, was einer Untersuchung der ersten paar hundert Millionen Jahre nach dem Urknall entspricht. Damals war der Kosmos einfacher strukturiert, und seine Entwicklung lässt sich leichter mit den Vorhersagen vergleichen.

Aufnahmen mit dem Hubble-Weltraumteleskop von 1995 boten erstmals einen Blick auf die Galaxien des frühen Universums. Eine zehn Tage dauernde Langzeitbelichtung offenbarte in einem scheinbar leeren Fleck zwischen den Sternen einen überwältigenden Reichtum an Strukturen. In jenem »Deep Field« lagen Tausende von Galaxien verschiedenster Entfernungen und Entwicklungsstadien. Weitere derartige Aufnahmen folgten (siehe »Die Faszination der Leere« in »Spektrum«, März 2023). Auf einem solchen Bild identifizierte eine 2016 veröffentlichte Analyse einen schwach leuchtenden Fleck namens GN-z11 als bis dahin älteste bekannte Galaxie. Ihr Licht stammt von 400 Millionen Jahren nach dem Urknall.

Das war für eine Galaxie überraschend früh, stellte aber das LCDM-Modell nicht vor Probleme. Einerseits ist die Galaxie mit nur einem Prozent der Masse der Milchstraße winzig, andererseits ist sie ein vereinzelter Fund. Ein leistungsfähigeres Teleskop musste klären, ob es sich bei GN-z11 um einen Ausreißer handelt oder um einen Vertreter einer größeren Population früher Galaxien. Das dafür nötige Instrument war das am 25. Dezember 2021 gestartete JWST, ein Gemeinschaftsprojekt der US-amerikanischen, europäischen und kanadischen Raumfahrtbehörden. Nach der Ankunft des Weltraumteleskops an seinem Beobachtungsplatz im All und der ersten Kalibrierung lieferte die empfindliche Elektronik 2022 eine Flut von Daten. Kurz darauf veröffentlichten Forschungsteams zahlreiche Fachartikel, in denen sie die Phänomene beschrieben und erklärten.

Zur Entfernungsmessung im All dient eine Variante des Dopplereffekts, den wir im Alltag von der Sirene eines Krankenwagens kennen: Ihr Ton klingt höher, wenn er sich nähert, und tiefer, sobald er vorbeigefahren ist. Je weiter eine Galaxie weg ist, desto schneller entfernt sie sich von uns. Dabei streckt sich ihr Licht auf längere Wellenlängen und erscheint dadurch röter. Die Größe dieser Rotverschiebung wird mit dem Buchstaben z bezeichnet. Je höher der Wert von z, desto länger ist das Licht eines Objekts bis zu uns unterwegs gewesen.

Eine der ersten Arbeiten zu den JWST-Daten stammt vom Team um den eingangs zitierten Rohan Naidu. Es fand eine unerklärlich helle und weitab gelegene Galaxie und nannte sie GLASS-z13, da der Wert von z offenbar bei rekordverdächtigen 13 lag. Die Rotverschiebung wurde später auf 12,4 und der Name entsprechend zu GLASS-z12 korrigiert. Andere JWST-Beobachtungsgruppen meldeten ähnlich dramatische Werte für andere Galaxien, darunter eine namens CEERS-1749 oder CR2-z17-1, die ihr Licht bloß 220 Millionen Jahre nach dem Urknall ausgesendet zu haben scheint.

Solche Funde deuteten auf Lücken in der durch LCDM erzählten Geschichte hin. Irgendwie sind die Galaxien sofort riesengroß geworden. In einer im November 2022 veröffentlichten Studie haben vier Forscher Computerberechnungen von Universen auf Basis des LCDM-Modells untersucht und festgestellt, dass die frühen, hellen Galaxien eine Größenordnung schwerer waren als solche, die sich zur gleichen Zeit in Simulationen bildeten.

Doch viele waren auf Grund der JWST-Daten noch nicht davon überzeugt, das Standardmodell sei nun widerlegt. Denn die Vorhersagen von LCDM sind nicht immer eindeutig. Während sich die Auswirkungen von Dunkler Materie und Dunkler Energie verhältnismäßig einfach modellieren lassen, gibt es bei der normalen Materie komplexe Wechselwirkungen und Verhaltensweisen. Niemand weiß genau, was kurze Zeit nach dem Urknall vor sich ging; Nachbildungen im Computer liefern lediglich näherungsweise Einblicke. Außerdem ist es in der Praxis schwierig, die exakten Distanzen zu den Galaxien zu bestimmen.

Helligkeit und Farbe können trügen – erst Spektren liefern den Beweis

So gab es in den Monaten nach den ersten Veröffentlichungen Korrekturen bei einigen vermeintlich extremen Rotverschiebungen. Bessere Kalibrierungen des neuen Teleskops stuften die Objekte zurück in spätere Stadien der kosmischen Entwicklung. CEERS-1749 befindet sich in derselben Himmelsregion wie ein Galaxienhaufen mit 12,4 Milliarden Jahre altem Licht. Laut Naidu könnte die Galaxie tatsächlich Teil dieses Haufens sein und wäre dann wohl bloß außerordentlich reich an Staub. Letzterer ließe ihre Rotverschiebung größer erscheinen, als sie ist. »In dem Fall würde es sich um eine unbekannte Art von Galaxie mit geringer Masse handeln, in der sich irgendwie und unerwarteterweise eine Menge Staub angesammelt hat«, so Naidu. »Solche neuen Arten von Objekten könnten bei unserer Suche nach sehr weit entfernten Galaxien Verwirrung stiften.«

Zur zuverlässigeren Abschätzung der Entfernungen muss man eine besondere Fähigkeit des JWST hinzuziehen: Mit dem Teleskop lässt sich das eingefangene Licht nicht nur mittels Photometrie analysieren, also der Messung seiner Helligkeit, sondern auch durch Spektroskopie, das heißt die separate Aufzeichnung der einzelnen Wellenlängen. Entspricht eine photometrische Beobachtung dem Foto eines Gesichts in einer Menschenmenge,

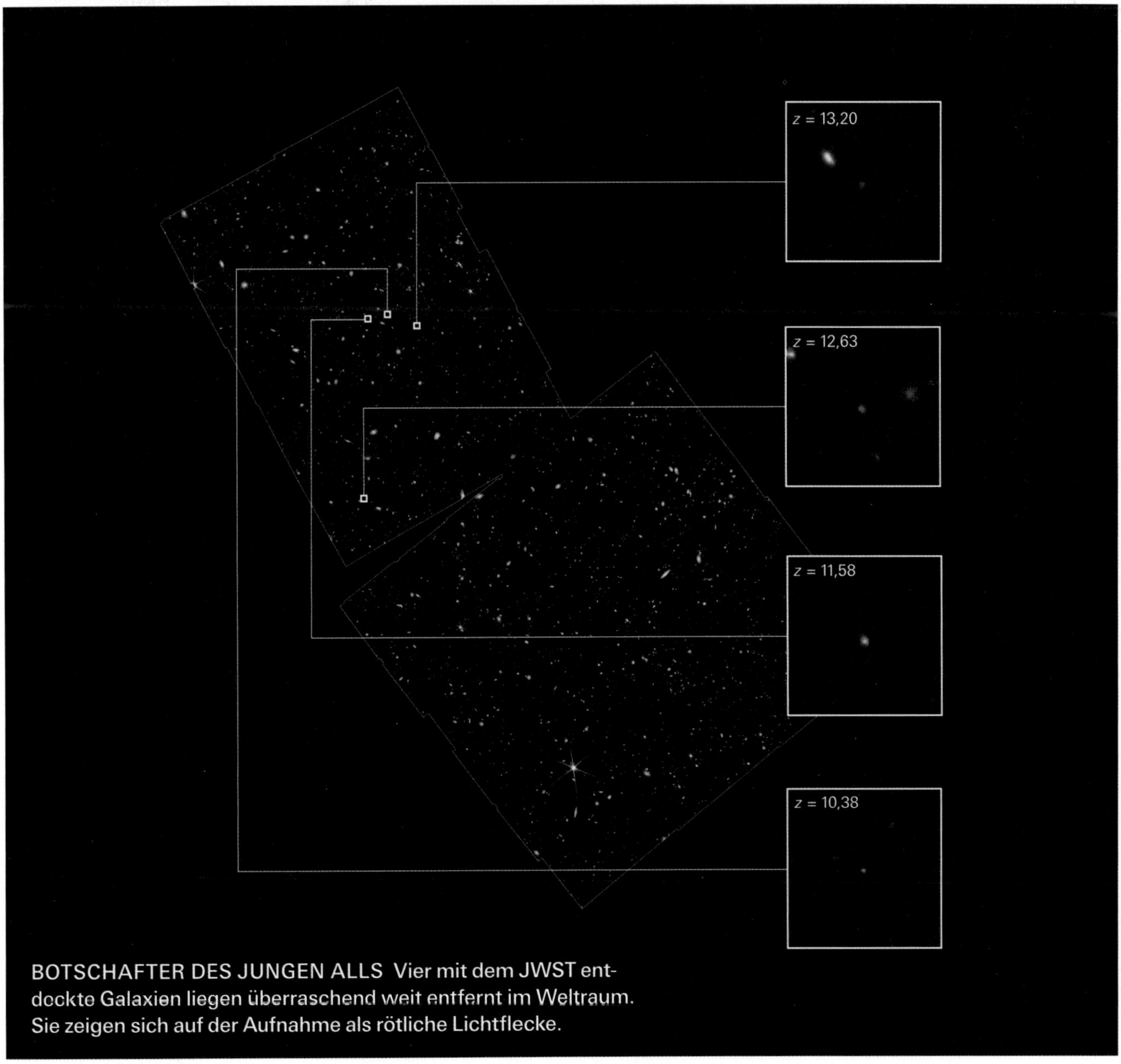

BOTSCHAFTER DES JUNGEN ALLS Vier mit dem JWST entdeckte Galaxien liegen überraschend weit entfernt im Weltraum. Sie zeigen sich auf der Aufnahme als rötliche Lichtflecke.

NASA, ESA, CSA, M. ZAMANI (ESA/WEBB), LEAH HUSTAK (STSCI); SCIENCE: BRANT ROBERTSON (UC SANTA CRUZ), S. TACCHELLA (CAMBRIDGE), E. CURTIS-LAKE (UOH), S. CARNIANI (SCUOLA NORMALE SUPERIORE), JADES COLLABORATION (HTTPS://WEBBTELESCOPE.ORG/CONTENTS/MEDIA/IMAGES/01GKRX20YPY9XSXRWX31H57P2A); BEARBEITUNG: SPEKTRUM DER WISSENSCHAFT

dann ist eine spektroskopische Beobachtung wie ein DNA-Test der Person. Naidus Team und andere haben die Rotverschiebungen der Galaxien zunächst anhand von Helligkeitsmessungen bestimmt. Doch eine im Dezember 2022 veröffentlichte Analyse hat im Fall von vier Galaxien beide Methoden kombiniert.

Das Team vom JWST Advanced Deep Extragalactic Survey (JADES) hat nach Galaxien Ausschau gehalten, in deren Infrarotspektrum die Lichtintensität unterhalb einer kritischen Wellenlänge abrupt abnimmt. Dieser Sprung, der so genannte Lyman-Break, tritt auf, weil Wasserstoff im intergalaktischen Raum Strahlung auf charakteristische Weise absorbiert. Durch die Expansion des Universums verschiebt sich nicht nur das ausgesendete Licht entfernter Galaxien zu röteren Wellenlängen, sondern auch dessen Absorption und damit die typische Lage des Lyman-Break. Fällt die Intensität im Spektrum einer Galaxie bei längeren Wellenlängen ab, dann ist sie weiter entfernt. JADES hat Rotverschiebungen von bis zu 13,2 identifiziert, das heißt, das Licht wurde vor 13,4 Milliarden Jahren emittiert, weniger als 400 Millionen Jahre nach dem Urknall.

Laut JADES-Teammitglied Brant Robertson von der University of California in Santa Cruz zeigen die Ergebnisse, dass sich das frühe Universum rapide veränderte und die Galaxien zehnmal rascher wuchsen als heute. Er vergleicht sie mit Kolibris, »deren Herzen so rasant schlagen, dass sie quasi ein ganz anderes Leben führen als die übrige Tierwelt«. Tickten die Herzen der frühen Galaxien gar zu schnell für eine Erklärung mittels LCDM? Oder liefern die Messungen einfach nur bessere Zahlen für die Gleichungen des Modells?

In dem Formelwerk betrifft ein wichtiger, aber schlecht verstandener Wert im frühen All die Galaxienmassen. Diese werden von der Helligkeit abgeleitet. Laut Megan Donahue von der Michigan State University in East Lansing ist die Beziehung zwischen Masse und Leuchtkraft allerdings bestenfalls eine wohlbegründete Vermutung. Sie beruht auf Annahmen, die von bekannten Sternen und gut untersuchten Galaxien abgeleitet wurden.

Eine der wichtigsten Voraussetzungen ist, dass die Massen von Sternen einer Population zwar variieren, dabei jedoch stets innerhalb einer gewissen Verteilung bleiben, der so genannten ursprünglichen Massenfunktion (kurz IMF nach englisch: initial mass function). Der IMF-Parameter ist von entscheidender Bedeutung bei der Herleitung der Masse einer Galaxie aus Messungen ihrer Helligkeit. Heiße, blaue, schwere Sterne erzeugen mehr Licht, während der Großteil des Baumaterials einer Galaxie normalerweise in kühlen, roten, kleinen Sternen gebunden ist.

Möglicherweise verhielt sich die IMF im jungen Universum anders. Dann sind die mit JWST entdeckten frühen Galaxien vielleicht leichter, als ihre Helligkeit vermuten lässt. Das aber sorgt für Probleme bei der Vorhersagekraft des LCDM-Modells – falls man diese grundlegende Eingabe ändert, kann man praktisch jedes gewünschte Ergebnis erhalten. »Wenn wir die ursprüngliche Massen-

Die frühesten bekannten Galaxien

Bei diesen vier extrem weit entfernten Galaxien gelang zusätzlich zu einem Foto mittels JWST die Aufzeichnung von Spektren. Der Verlauf der Lichtkurven belegt, dass die Strahlung weniger als 500 Millionen Jahre nach dem Urknall ausgesendet wurde.

Je weiter entfernt eine Galaxie ist, desto stärker ist ihr Licht ins Rote verschoben. Ein charakteristischer Sprung tritt beim Lyman-Break auf, bei dem Wasserstoff die Strahlung absorbiert.

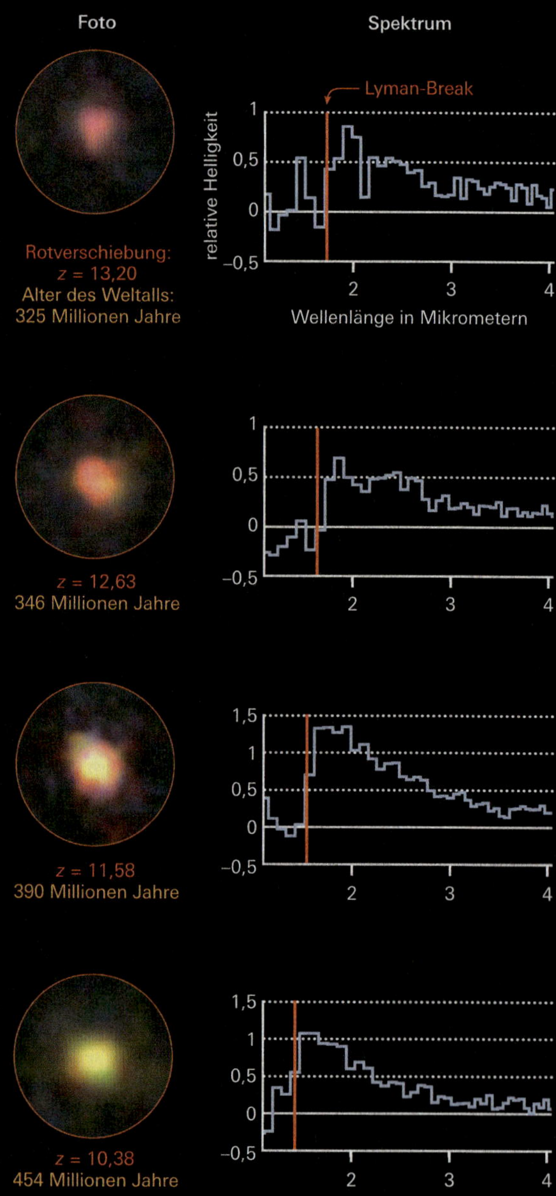

MERRILL SHERMAN / QUANTA MAGAZINE; BEARBEITUNG: SPEKTRUM DER WISSENSCHAFT

funktion nicht verstehen, wird es zu einer echten Herausforderung, etwas über Galaxien bei hoher Rotverschiebung zu sagen«, beschreibt Wendy Freedman von der University of Chicago das Problem. Ihr Team versucht, mittels Beobachtungen und Computersimulationen die IMF in verschiedenen Umgebungen zu bestimmen.

Bereits Ende 2022 waren die Fachleute ziemlich zuversichtlich, durch Anpassungen der IMF und anderer Einflussgrößen die JWST-Daten mit LCDM in Einklang zu bringen. »Ich halte es für wahrscheinlich, dass wir die Beobachtungen in das Standardmodell eingliedern können«, glaubt Rachel Somerville vom Flatiron Institute in New York. Sie hofft dabei auf die Klärung zentraler offener Fragen, etwa wie rasch die Dunkle Materie um Galaxien das Gas einsammelt oder wie zügig sich dieses vor Beginn der Sternentstehung abkühlt und verdichtet. »Vielleicht geschieht das im frühen Universum eher, vielleicht ist das Gas dichter, vielleicht strömt es irgendwie schneller ein. Wir versuchen immer noch, diese Prozesse zu verstehen.«

Schwarze Löcher und die ersten Sterne

Somerville untersucht außerdem die Rolle Schwarzer Löcher im jungen Kosmos. Supermassereiche Exemplare wurden bereits bei einer Rotverschiebung von sechs bis sieben gefunden, etwa eine Milliarde Jahre nach dem Urknall. Es ist schwer zu erklären, wie bis zu dem Zeitpunkt Sterne entstanden, vergangen und zu Schwarzen Löchern kollabiert sein sollen, die dann alles um sich herum verschlangen und Strahlung ausstießen. Wenn dem aber so ist und in den Kernen der frühen Galaxien solche Objekte stecken, könnte das laut Somerville ein Grund sein, warum die Galaxien so hell erscheinen, auch wenn sie eigentlich nicht sehr schwer sind.

Ein Team unter der Leitung von Benjamin Keller von der University of Memphis lieferte im Dezember 2022 Beweise dafür, dass zumindest einige der JWST-Funde zum Standardmodell passen. Simulationen von LCDM-Universen auf Supercomputern spuckten einige Galaxien aus, die so schwer sind wie die vier von JADES spektroskopisch untersuchten. Diese vier sind allerdings kleiner und leuchtschwächer als andere mutmaßliche frühe Exemplare wie GLASS-z12. Nach der Analyse des Teams gab es bei allen Simulationen Galaxien mit einer Größe, die den Werten aus der JADES-Analyse entspricht, bei einer Rotverschiebung von 10. In einem Fall tauchten solche Galaxien bei einem z von 13 auf, bei zwei anderen sogar bei einer noch höheren Rotverschiebung.

Obwohl nach Kellers Schlussfolgerungen keine der JADES-Galaxien dem LCDM-Paradigma widerspricht, sind die Objekte dennoch in anderer Hinsicht herausragend. Laut Kevin Hainline von der University of Arizona in Tucson enthalten die darin vorkommenden Sterne keine Signaturen von Metallen aus zuvor explodierten Sternen. Das könnte bedeuten, dass es sich bei ihnen um Sterne der so genannten Population III handelt. Das ist die allererste Generation von Sternen, mit denen die Epoche der Reionisierung des Universums begonnen hat.

Die spektroskopische Fahndung nach weiteren frühen Galaxien erfolgt mit der Beobachtungskampagne Webb Deep Extragalactic Exploratory Public Survey (WDEEP). Sie hält gezielt nach Galaxien Ausschau, die weniger als 300 Millionen Jahre nach dem Urknall entstanden sind. Solche Messungen werden zu einer Entscheidung über das Schicksal des Standardmodells ebenso beitragen wie andere laufende Analysen. Dazu gehört die Suche nach einer Lösung für ein weiteres Problem, die »Hubble-Spannung«. Diese betrifft das Maß für die Expansionsgeschwindigkeit des Alls.

Der Kosmos scheint sich derzeit schneller auszudehnen, als mit LCDM für ein 13,8 Milliarden Jahre altes Universum zu erwarten ist. Es kursieren viele mögliche Erklärungen. Laut einigen Spekulationen ist die Dichte der Dunklen Energie gar nicht konstant, sondern ändert sich im Lauf der Zeit. Jedenfalls würde sich eine Auflösung der Hubble-Spannung womöglich auf die Berechnungen des Alters des Universums bei einer bestimmten Rotverschiebung auswirken. Vielleicht sieht JWST eine frühe Galaxie tatsächlich so, wie sie beispielsweise 500 Millionen Jahre nach dem Urknall erschien anstatt der vermuteten 300.

Die Gespräche mit Astronominnen und Astronomen über die ersten JWST-Ergebnisse sind mit allerhand Superlativen gespickt, mit Gelächter ebenso wie mit Kraftausdrücken sowie mit der Mahnung getreu dem alten Ausspruch, dass außergewöhnliche Behauptungen außergewöhnliche Beweise erfordern. Alle hoffen darauf, bald mehr Bilder und Spektren in die Hände zu bekommen und daran ihre Modelle zu verfeinern. »Diese Art von Problemen ist die beste«, findet der Theoretiker Mike Boylan-Kolchin von der University of Texas. »Denn egal, welche Antwort man bekommt, sie ist auf jeden Fall interessant.« ◂

QUELLEN

Haslbauer, M. et al.: Has JWST already falsified dark-matter-driven galaxy formation? The Astrophysical Journal Letters 939, 2022

Keller, B.W. et al.: Can cosmological simulations reproduce the spectroscopically confirmed galaxies seen at $z \geq 10$? ArXiv 2212.12804, 2022

Naidu, R.P. et al.: Schrodinger's galaxy candidate: Puzzlingly luminous at $z \approx 17$, or dusty/quenched at $z \approx 5$?. ArXiv 2208.02794, 2022

Naidu, R.P. et al.: Two remarkably luminous galaxy candidates at $z \approx 10$–12 revealed by JWST. ArXiv 2207.09434, 2022

Robertson, B.E. et al.: Discovery and properties of the earliest galaxies with confirmed distances. ArXiv 2212.04480, 2022

Quanta magazine

Von »Spektrum der Wissenschaft« übersetzte und bearbeitete Fassung des Artikels »Standard Model of Cosmology Survives a Telescope's Surprising Finds« aus »Quanta Magazine«, einem inhaltlich unabhängigen Magazin der Simons Foundation, die sich die Verbreitung von Forschungsergebnissen aus Mathematik und den Naturwissenschaften zum Ziel gesetzt hat.

STERN-GEBURTSSTÄTTE
Diese Aufnahme des grob 7600 Lichtjahre entfernten Carinanebels war unter den ersten veröffentlichten JWST-Bildern. Es ist ein riesiges Sternentstehungsgebiet, dessen Strukturen durch die energiereiche Strahlung junger Sterne geformt werden.

NASA, ESA, CSA, STSCI (HTTPS://WEBBTELESCOPE.ORG/CONTENTS/MEDIA/IMAGES/2022/031/01G77PKB8NKR7S8Z6HBXMYATGJ)

JWST

Neuer Ausblick in den Kosmos

2023 hatte das James Webb Space Telescope sein erstes Betriebsjahr hinter sich – mindestens zehn weitere werden folgen, wenn alles gut geht. Bereits jetzt erweitern imposante und detailreiche Aufnahmen unser Wissen über ferne Planeten und die frühesten Galaxien.

Mike Zeitz ist Physiker und Redakteur bei Spektrum der Wissenschaft.

Es hat mehr als zwei Jahrzehnte, zehn Milliarden US-Dollar und viele Nerven gekostet: das Warten auf die ersten Bilder des James Webb Space Telescope (JWST), des technisch komplexesten Weltraumteleskops der Geschichte. Es ist ein gemeinsames Projekt der US-amerikanischen, kanadischen und europäischen Raumfahrtorganisationen und war auf seinem Weg von der Planung bis zur Startrampe von Verzögerungen, Pannen und Kostensteigerungen geplagt. Doch vom Moment des Starts am 25. Dezember 2021 an klappte eine aufwändige Choreografie reibungslos und sogar besser als erwartet.

In der Nutzlastverkleidung auf der europäischen Ariane-Rakete, die Satelliten beim Start vor atmosphärischen Einwirkungen schützt, waren alle Teile kompakt auf knapp fünf Meter Breite zusammengeklappt. Beim Flug im All entfalteten sich anschließend die Komponenten des 21 Meter langen, mehrlagigen Sonnenschilds sowie die Segmente des 6,5 Meter großen Spiegels. Diese wurden in etlichen Einzelschritten bis auf einige zehn Nanometer genau positioniert.

Nun kreist das JWST an einem optimalen Aussichtspunkt im Weltraum. Geschützt vor dem Licht von Sonne und Erde visiert es mit seinen hochempfindlichen Sensoren Himmelskörper an, die Strahlung im infraroten Bereich des Spektrums aussenden. Das sind ferne Galaxien, aber auch relativ nahe Objekte wie Planeten um andere Sterne.

Forschungsgruppen aus der ganzen Welt warten schon seit vielen Jahren auf die Daten, die sie nun allmählich den Instrumenten des Observatoriums entlocken. Die Informationen geben Aufschluss über die turbulente Entstehung der ersten Galaxien nach dem Urknall, über die geordnete Entwicklung kosmischer Strukturen und über die chaotischen Vorgänge in Sternsystemen. Spektrografische Aufzeichnungen dienen sogar der Suche nach möglichen Spuren von Leben in fremden Atmosphären. Die Fachwelt erwartet eine ganze Reihe von Durchbrüchen. In der öffentlichen Wahrnehmung indes wird das JWST seinen Platz vor allem über spektakuläre Bilder einnehmen – so wie bereits das Hubble-Weltraumteleskop, das seit drei Jahrzehnten mit farbenprächtigen Nebeln und Galaxien die moderne populäre Vorstellung vom All geprägt hat.

Der Spiegel des JWST hat sich zwar schon voll entfaltet, sein wissenschaftliches Potenzial hingegen noch lange nicht. Die internationalen Teams werden mit zunehmender Erfahrung die technischen Möglichkeiten der Geräte weiter ausreizen, die Daten besser interpretieren lernen und mit wiederholten und längeren Beobachtungen eine wachsende Menge unterschiedlichster Ziele immer sorgfältiger untersuchen. Bisher haben wir bloß das erste Lüften des Vorhangs vor einer völlig neuen kosmischen Bühne erlebt. Das astronomische Schauspiel wird eine ganze Generation inspirieren.

NASA, ESA, AND THE HUBBLE HERITAGE TEAM (STSCI/AURA) (HTTPS://HUBBLESITE.ORG/CONTENTS/MEDIA/IMAGES/2015/01/3470-IMAGE.HTML)

NASA, ESA, CSA, STSCI; IMAGE PROCESSING: JOSEPH DEPASQUALE (STSCI), ALYSSA PAGAN (STSCI), ANTON M. KOEKEMOER (STSCI) (HTTPS://WEBBTELESCOPE.ORG/CONTENTS/MEDIA/IMAGES/01GK2KKTR81SGYF24YBGYG7TAP)

NASA, ESA, CSA, STSCI; IMAGE PROCESSING: JOSEPH DEPASQUALE (STSCI), ALYSSA PAGAN (STSCI), ANTON M. KOEKEMOER (STSCI) (HTTPS://WEBBTELESCOPE.ORG/CONTENTS/MEDIA/IMAGES/2022/055/01GGWCXTEXGJ0C3FWSCB3SDBV5)

PROTOSTERN Wenn Gas aus einer interstellaren Wolke unter seiner Schwerkraft kollabiert, bildet sich ein Kern, der sich immer mehr aufheizt. Aus der Umgebung fällt weiter Materie nach innen, die zum Teil durch gelegentliche Ausbrüche des angehenden Sterns wieder nach außen geschleudert wird. Die hier verwendete Near-Infrared Camera (NIRCam) eignet sich besonders gut zum Untersuchen solcher Vorgänge. Der Bildbereich umfasst etwa 0,3 Lichtjahre in einer Entfernung von 460 Lichtjahren.

NASA, ESA, CSA, STSCI; IMAGE PROCESSING: JOSEPH DEPASQUALE (STSCI), ALYSSA PAGAN (STSCI), ANTON M. KOEKEMOER (STSCI) (HTTPS://WEBBTELESCOPE.ORG/CONTENTS/MEDIA/IMAGES/01GK2KKTR81SGYF24YBGYG7TAP)

DIE NEUEN SÄULEN DER SCHÖPFUNG 1995 hat das Hubble-Weltraumteleskop einen Ausschnitt des etwa 6500 Lichtjahre entfernten Adlernebels aufgenommen. Die aufragenden, dunklen Wolken interstellaren Gases wurden als »Säulen der Schöpfung« bekannt und 2014 erneut mit verbesserter Optik anvisiert (kleines Bild). Der Name bezieht sich auf die rege Sternentstehung in der Struktur. Die JWST-Aufnahme entstand durch die Kombination zweier Kameras. Eine stellt das nahe Infrarot dar, in dem sich viele junge Sterne zeigen, die vor Hubble verborgen waren. Der andere Beitrag stammt von längerwelliger Strahlung, in der Gas und Staub in hoher Detailschärfe hervortreten.

ALTER BEKANNTER Eigentlich gehören die Himmelskörper unseres Sonnensystems nicht zu den vorrangigen Zielen der Mission, doch diese Aufnahme demonstriert, welchen Detailreichtum die JWST-Instrumente auch hier offenbaren können. Auf Jupiter erscheint der Große Rote Fleck weißlich hell, weil die hoch gelegenen Wolken viel Licht der Sonne reflektieren, ebenso wie ein breites Band am Äquator, das wir normalerweise als rötlich wahrnehmen. An den Polen leuchten Polarlichter.

DOPPELSTERN Die spektakuläre Blasenstruktur in einer Distanz von 2000 Lichtjahren stammt nicht vom hellen Stern im Zentrum, der im nahen Infrarot (links) deutlich hervortritt. Ursächlich ist vielmehr ein kälterer Weißer Zwerg, der im mittleren Infrarot links neben dem anderen Stern gut zu erkennen ist (rechtes Bild; die größere Wellenlänge bedingt die schlechtere Auflösung des Fotos insgesamt). Weiße Zwerge sind Überreste von Sternen wie unserer Sonne, die am Ende ihres Lebens ihre äußeren Hüllen abstoßen. Der leuchtkräftigere Stern sorgt unterdessen nicht nur für das intensive Strahlen, sondern verwirbelt den Nebel dramatisch, in dem sich beide Partner gegenseitig umkreisen.

NASA, ESA, CSA, STSCI (HTTPS://WEBBTELESCOPE.ORG/CONTENTS/MEDIA/IMAGES/2022/034/01G7DA5ADA2WDSK1JJP00PTG4A)

NASA, ESA, CSA, STSCI (HTTPS://WEBBTELESCOPE.ORG/CONTENTS/MEDIA/IMAGES/2022/034/01G7DBCJA1M1SSGKDMH7F5XMBE)

ZWEI ANSICHTEN EINES QUINTETTS Eine Anordnung von fünf Galaxien heißt Stephans Quintett nach ihrem Entdecker, dem französischen Astronomen Édouard Jean-Marie Stephan aus dem 19. Jahrhundert. Vier der Galaxien sind gravitativ aneinandergebunden und werden in ferner Zukunft vermutlich miteinander verschmelzen. Die 290 Millionen Lichtjahre entfernte Gruppe wurde bereits mit anderen Teleskopen intensiv erforscht. Die Zusammenstellung der Bilddaten von mehreren JWST-Instrumenten zeigt die vertraute Ansicht in großem Detail (links). Das Mid-Infrared Instrument (MIRI) allein blickt besonders gut durch staubreiche Zonen und enthüllt mit drei Farbfiltern Filamente aus Gas und Sternen, die unter den Galaxien ausgetauscht werden (rechts).

NASA, ESA, CSA, STSCI (HTTPS://WEBBTELESCOPE.ORG/CONTENTS/MEDIA/IMAGES/2022/033/01G709OXZPFH83NZFAFP66WVCZ)

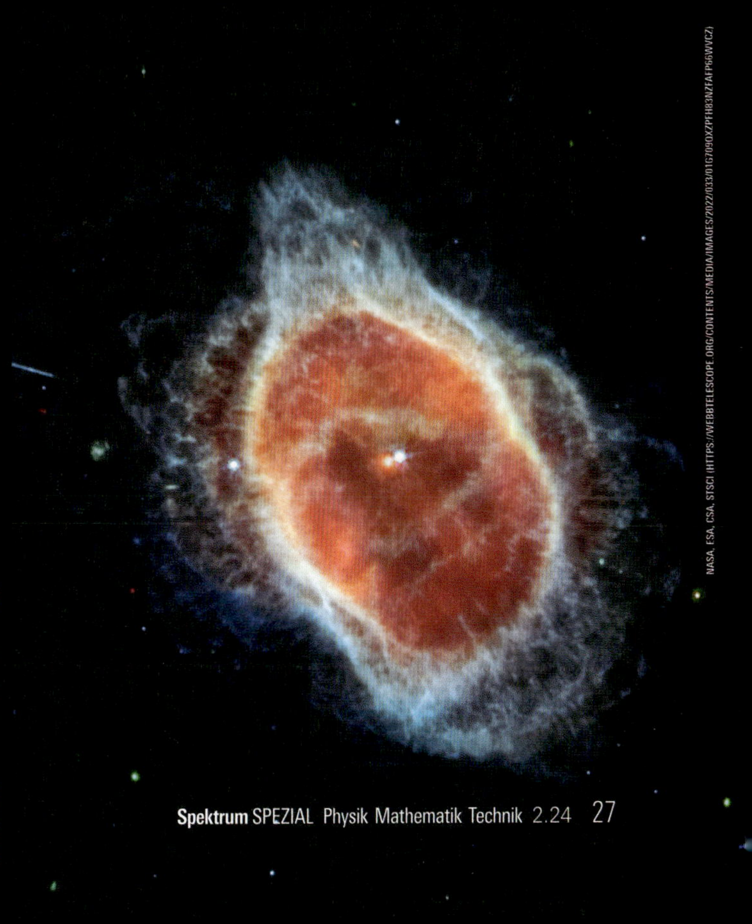

NASA, ESA, CSA, STSCI (HTTPS://WEBBTELESCOPE.ORG/CONTENTS/MEDIA/IMAGES/2022/033/01G709OXZPFH83NZFAFP66WVCZ)

Sechs Komponenten zur Datensammlung …

Blendenmaskierung

Löcher in einer Metallplatte lassen nur Licht von bestimmten Teilen des Spiegels hindurch. Das Ergebnis ist ein künstliches Interferometer, bei dem sich Wellen überlagern, als kämen sie von mehreren separaten Teleskopen. Das macht helle Himmelskörper, die nah beieinanderstehen, besser unterscheidbar.

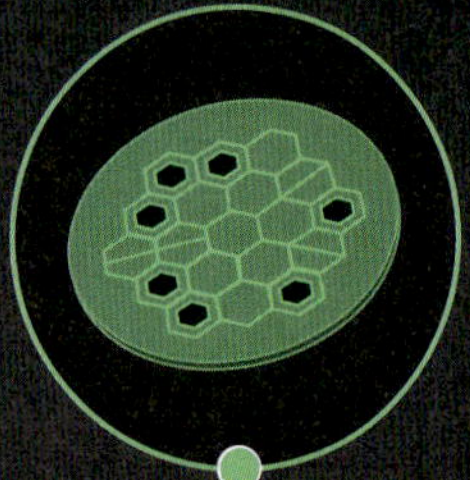

Microshutter

Ein Raster mit 248000 winzigen, individuell steuerbaren Verschlüssen führt Licht hindurch, das zuvor in seine Wellenlängen zerlegt wurde. So lassen sich 100 Punkte auf einem Einzelbild gezielt spektral vermessen und unerwünschte Bereiche ausblenden.

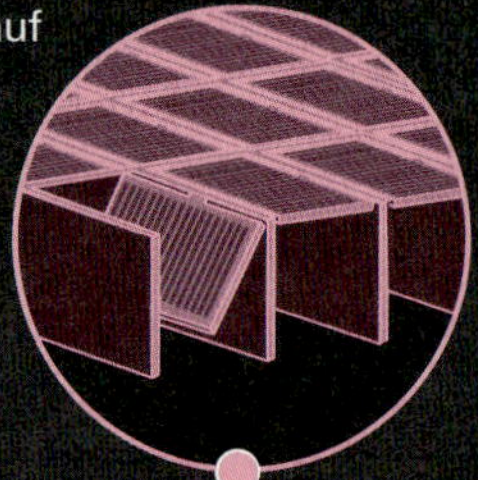

Spektrografen

Beugungsgitter oder Prismen spalten das Licht auf. In dem so entstandenen Spektrum erscheinen die einzelnen Wellenlängen mit unterschiedlichen Intensitäten.

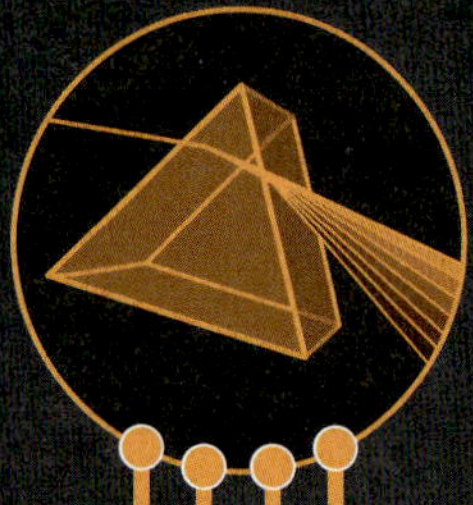

… verteilt auf vier Instrumente

Fine Guidance Sensor (FGS) / Near-InfraRed Imager and Slitless Spectrograph (NIRISS)

Das Instrument FGS dient der präzisen Ausrichtung anhand ausgewählter Leitsterne. NIRISS enthält eine Kamera und einen Spektrografen für das nahe Infrarot.

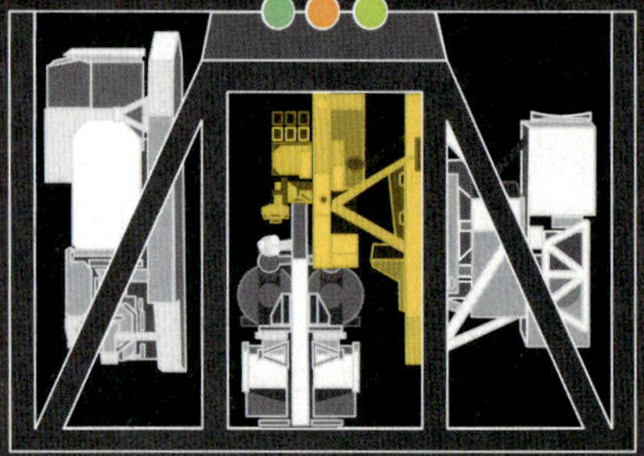

Rückseite des Inneren des Instrumentenmoduls

Wellenlängenbereich:

nahes Infrarot (bis 5 Mikrometer)

Near-Infrared Spectrograph (NIRSpec)

Mit seinen Microshuttern kann das Gerät von zahlreichen interessanten Himmelskörpern im Bildbereich punktgenau Spektren aufzeichnen.

Wellenlängenbereich:

nahes Infrarot (bis 5 Mikrometer)

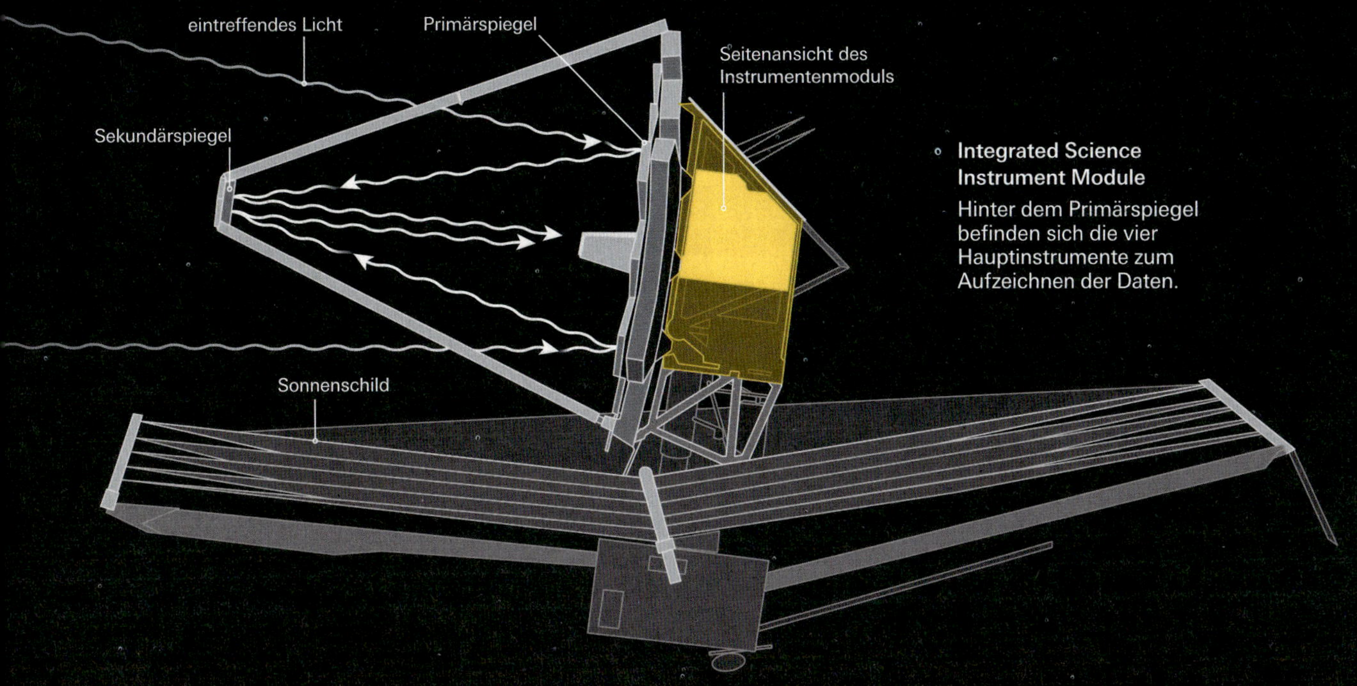

Integrated Science Instrument Module

Hinter dem Primärspiegel befinden sich die vier Hauptinstrumente zum Aufzeichnen der Daten.

JEN CHRISTIANSEN, NACH: NASA, ESA, ANDI JAMES (STSCI) UND NASA, ESA, CSA, J. OLMSTED (STSCI) / SCIENTIFIC AMERICAN DEZEMBER 2022; BEARBEITUNG: SPEKTRUM DER WISSENSCHAFT

Kameras

Zwei von drei Detektortypen registrieren so genanntes nahes Infrarot, das mit Wellenlängen zwischen 0,6 und 5 Mikrometern an das sichtbare Licht anschließt. Einer der Sensoren spricht auf das langwelligere mittlere Infrarot zwischen 5 und 28 Mikrometern an.

Integral Field Unit

Eine Kombination aus Kamera und Spektrograf nimmt gleichzeitig ein Bild und für jeden Bildpunkt ein Spektrum auf.

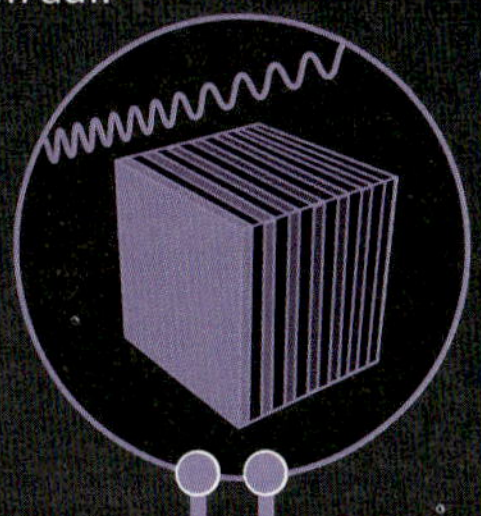

Koronografen

Ein heller Stern überstrahlt leicht Planeten oder andere Materie in unmittelbarer Umgebung. Eine lichtundurchlässige Scheibe schirmt die zentrale Quelle ab und macht schwächer leuchtende Objekte daneben identifizierbar.

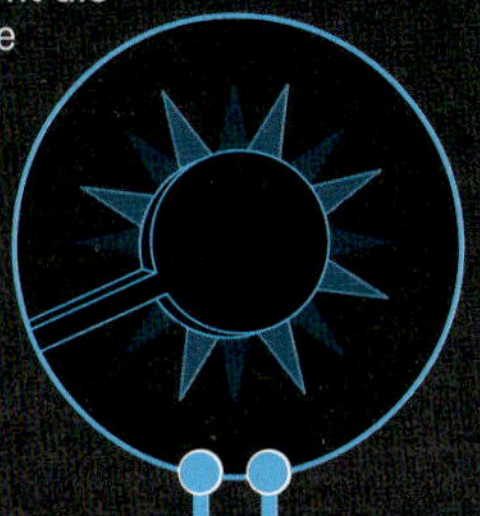

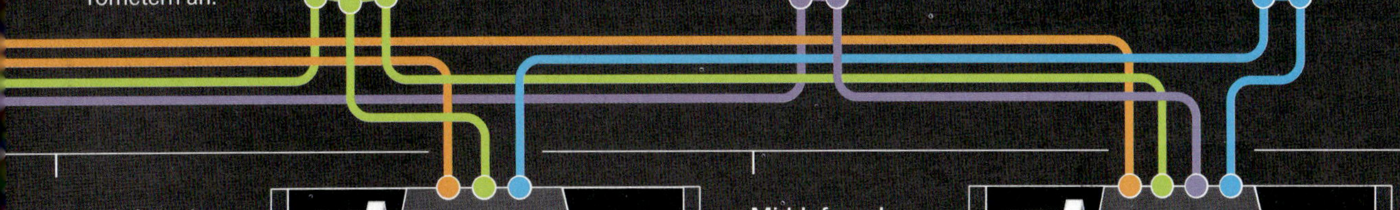

Near-Infrared Camera (NIRCam)

Als einziges Instrument für das nahe Infrarot, das mit Koronografen ausgestattet ist, wird NIRCam wichtige Informationen über Exoplaneten liefern, die sonst von ihrem Stern überstrahlt würden. Es kann sowohl Bilder als auch spektrografische Daten aufzeichnen.

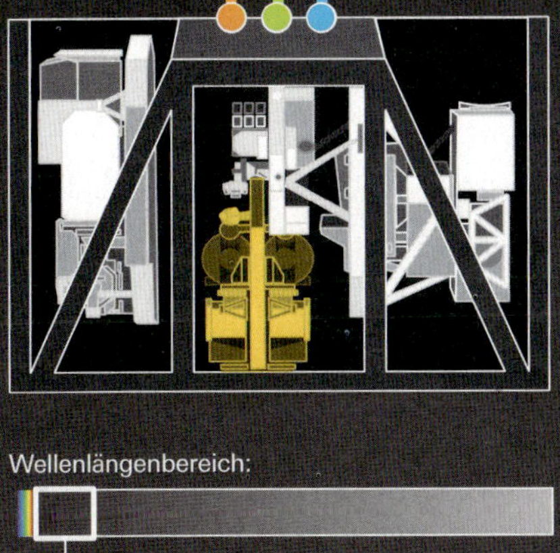

Mid-Infrared Instrument (MIRI)

Nur mit MIRI kann JWST den Bereich des mittleren Infrarots untersuchen. In diesen Wellenlängen erscheinen vor allem extrem weit entfernte Galaxien sowie vergleichsweise kühle Objekte wie Staubscheiben um Sterne.

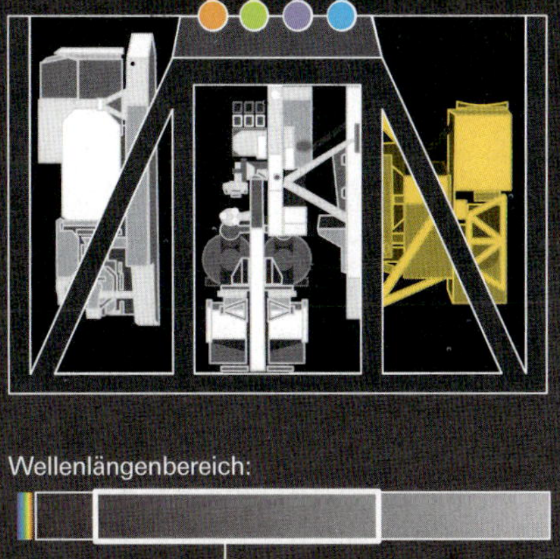

Wie »echt« sind die Bilder?

Auf dem Weg von den Rohdaten aus einzelnen Wellenlängen- und Bildbereichen zu imposanten Fotografien, bei denen alle Aufzeichnungen miteinander kombiniert werden, sind immer Manipulationen nötig. Bis zu 27 Filter erfassen einzelne Teile des Spektrums im Infrarotlicht. Bei der Aufbereitung werden zunächst die Helligkeitswerte bei jeder Aufnahme so eingestellt, dass ein Bild mit einem möglichst großen Kontrastumfang entsteht. Dann erhält jeder Filterbereich eine Farbskala aus dem sichtbaren Spektrum zugewiesen, mit Blautönen für die kürzesten Wellenlängen bis hin zu Rot. Bei der anschließenden Überlagerung kommen Einstellungen für Kontrast und Farbbalance hinzu, wie man sie auch bei ganz normalen Fotos vornimmt.

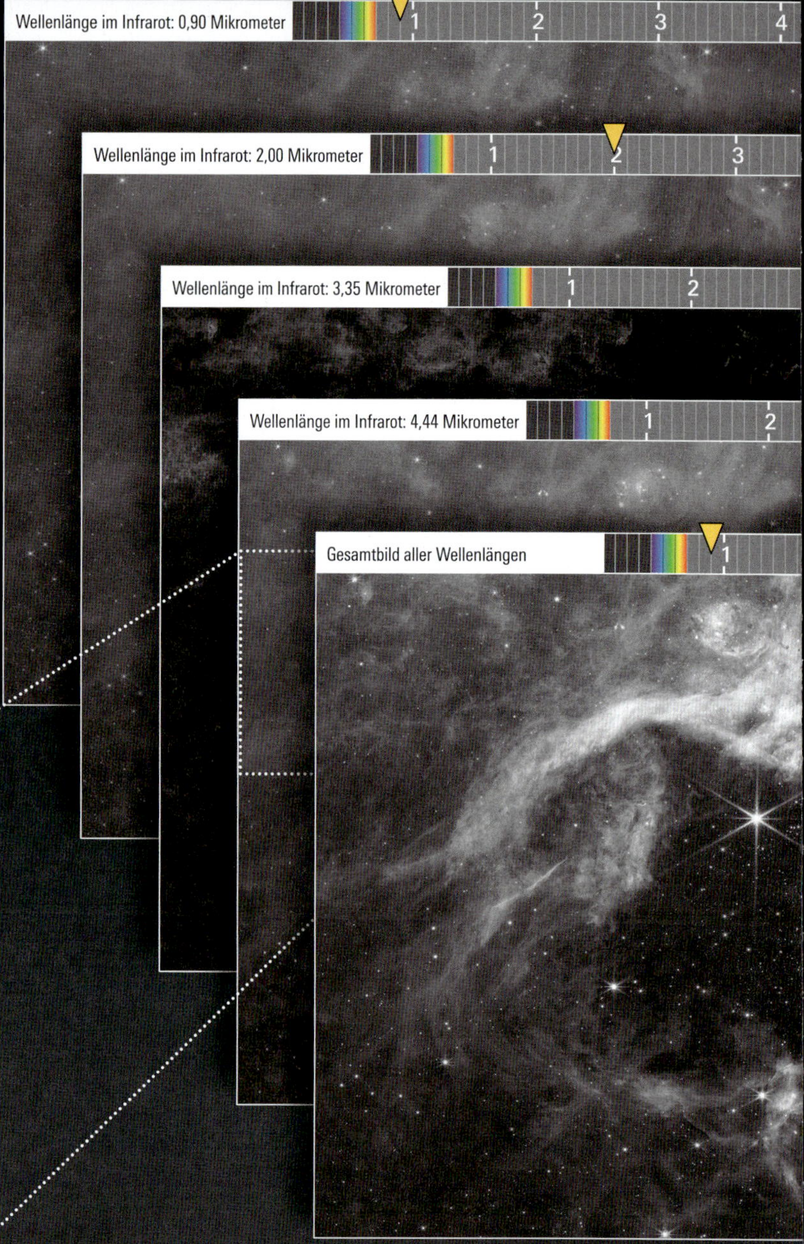

Rohdaten eines Bilds mit einer einzigen Filtereinstellung

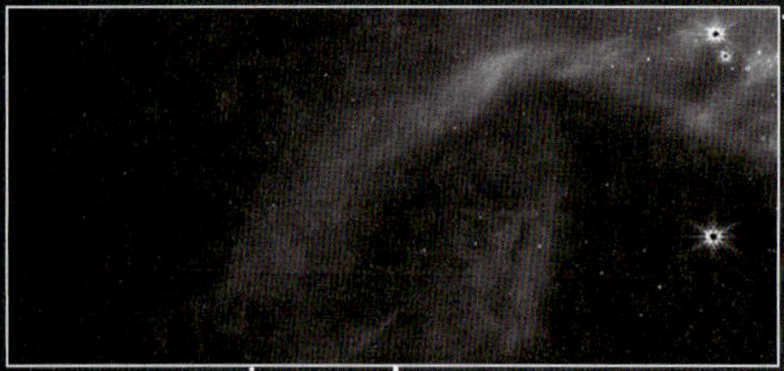

angepasster Dynamikbereich mit mehr sichtbaren Details

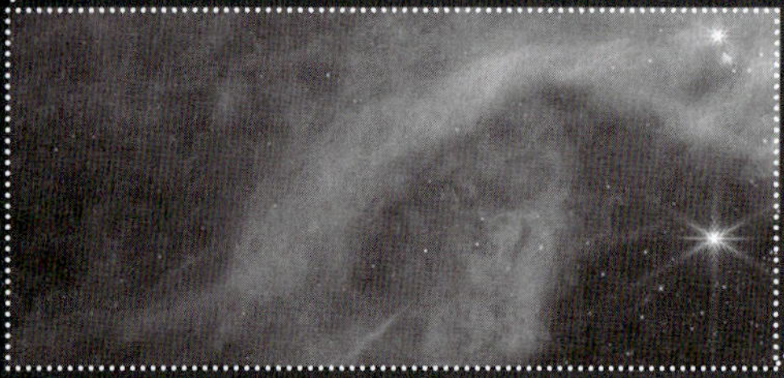

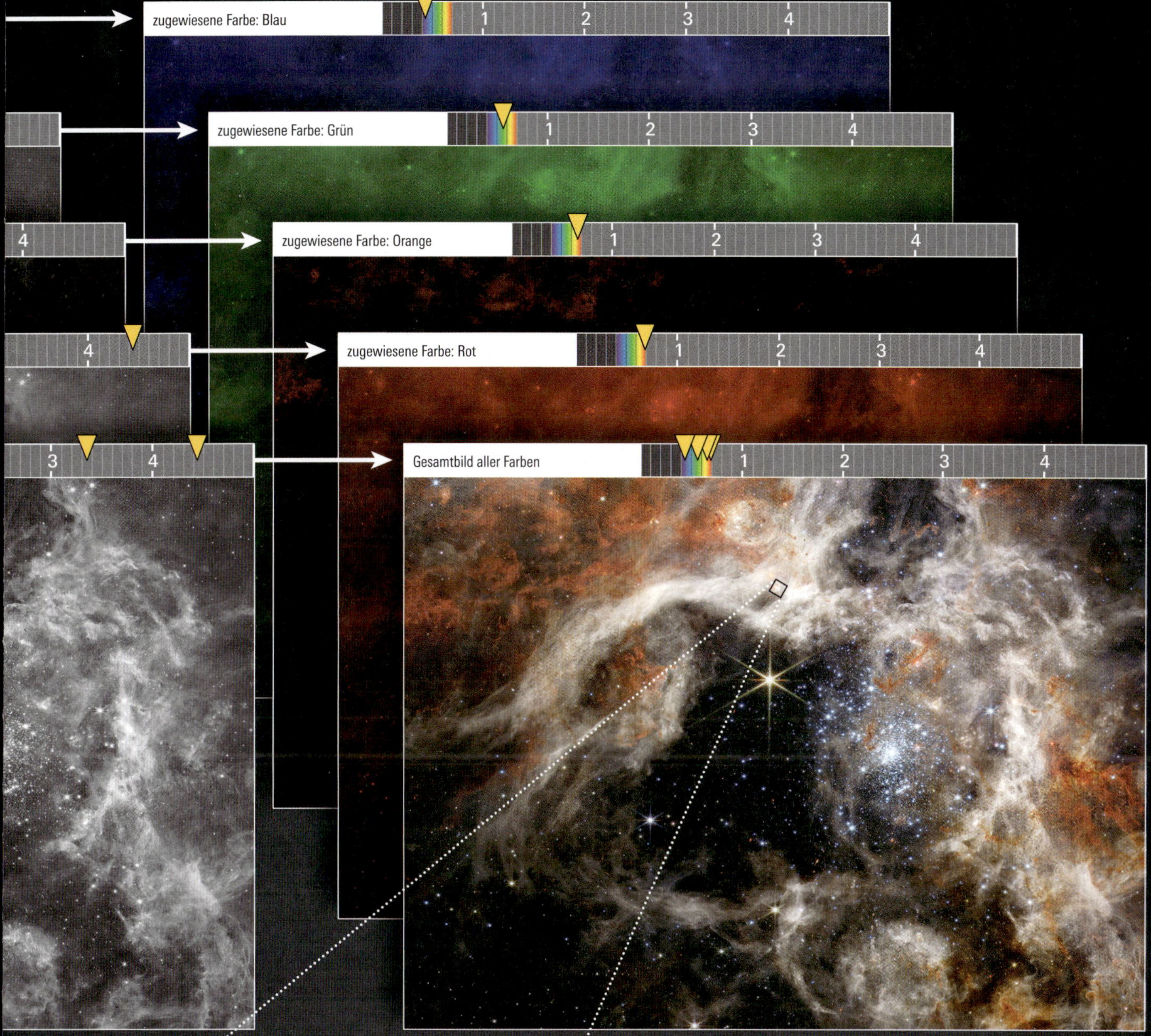

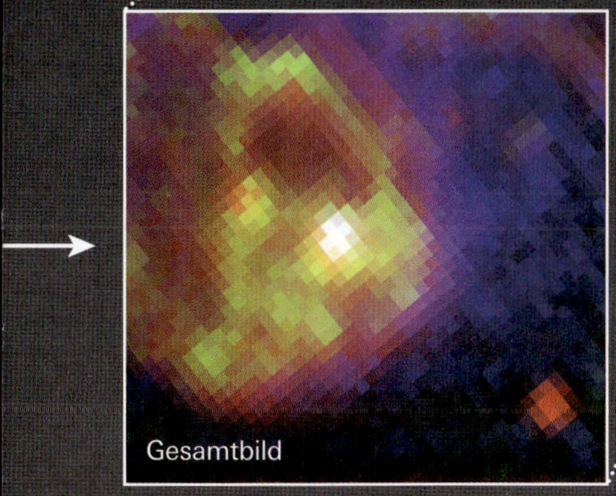

Details in den Daten

Die farbenprächtigen Bilder sehen eindrucksvoll aus, aber aus wissenschaftlicher Sicht verstecken sich die spannendsten Entdeckungen meist bei einzelnen Wellenlängen. Dieses Beispiel mit Daten des Instruments NIRSpec zeigt einen kleinen Ausschnitt eines Tarantelnebel genannten Sternentstehungsgebiets. Strahlung mit einer für atomaren Wasserstoff typischen Wellenlänge (blau) ist am Ort eines Sterns und in dessen Umfeld zu erkennen. Die Wellenlängen von molekularem Wasserstoff (grün) und Kohlenwasserstoffen (rot) enthüllen Gas und Staub, die offenbar von einem Sternhaufen im rechten unteren Teil des Ausschnitts in Richtung des Sterns geblasen werden.

JEN CHRISTIANSEN, MIT BILDERN VON: NASA, ESA, CSA, STSCI UND WEBB ERO PRODUCTION TEAM / SCIENTIFIC AMERICAN DEZEMBER 2022; BEARBEITUNG: SPEKTRUM DER WISSENSCHAFT

ASTRONOMIE

Schier unmögliche Sterne

Seltene und enorm massereiche Sterne schleudern während ihres kurzen Lebens große Materiemengen umher. Dabei treten außergewöhnliche Phänomene auf, die lange schwer erklärbar waren und noch heute Fragen aufwerfen.

UNIVERSITY OF SIDNEY

Peter Tuthill ist Astronom an der University of Sydney in Australien.

W.M. KECK OBSERVATORY / PETER TUTHILL

LEUCHTENDE SPIRALE
Im Infraroten zeigt sich im System WR 104 der Wirbel einer Staubfahne. Sie entsteht, während sich zwei Sterne umrunden.

W.M. KECK OBSERVATORY / PETER TUTHILL

AUF EINEN BLICK

Gigantische Feuerräder

1 Wolf-Rayet-Sterne sind die Endstadien der hellsten und massereichsten Sterne. Sie stoßen Unmengen von Materie ins Weltall.

2 Dabei verursachen sie seltsame Strukturen: Spiralen und Schichten aus Staub, die sich ins All ausbreiten und regelmäßig neu entstehen.

3 Modelle und nähere Beobachtungen führen das auf Sterne zurück, die sich umkreisen und zwischen denen Gas zu Staub kondensieren kann. Er breitet sich anschließend in die Umgebung aus.

Wenn Astronominnen und Astronomen über eine bestimmte Art von Himmelskörper sprechen, dann sparen sie nicht mit Superlativen: Wolf-Rayet-Sterne gehören zu den größten, heißesten und seltensten Sternen überhaupt. Sie sind das letzte und schnell vergängliche Stadium im Leben der gigantischsten Sterne mit der 20- bis mehr als 200-fachen Masse der Sonne. Diese Schwergewichte leuchten bläulich und unglaublich hell. Dabei erschöpfen sie rasch die riesigen Vorräte an Wasserstoff, der als Brennmaterial für die Kernfusion in ihrem Inneren dient. Sie stoßen Unmengen an Materie mit erstaunlicher Geschwindigkeit in ihre Umgebung ab. Nachdem ihnen der Wasserstoff ausgegangen ist, kollabieren sie unter ihrer eigenen Schwerkraft und vergehen in einer Supernova-Explosion.

Ihre extreme Beschaffenheit macht Wolf-Rayet-Sterne in vielerlei Hinsicht zu Außenseitern. Das schlägt sich auch bei einer grundlegenden astronomischen Darstellung nieder, im so genannten Hertzsprung-Russell-Diagramm. Hier sind die Objekte entsprechend ihrer Helligkeit und Farbe angeordnet. Wolf-Rayet-Sterne liegen abseits der »Hauptreihe«, wo sich gewöhnliche Sterne versammeln. Sie stehen ganz oben – als aufgeblähte Ungetüme mit Oberflächentemperaturen von teils mehr als 200000 Kelvin, 30-mal so viel wie bei der Sonne. Ihre Leuchtkraft kann das Millionenfache der Sonne betragen.

Ein charakteristisches Merkmal eines Wolf-Rayet-Sterns ist seine geringe Menge an Wasserstoff. Sie ist bereits Vorbote seines Untergangs. Nachdem ein Stern seinen Wasserstoff aufgebraucht hat, zieht er anderes Brennmaterial wie Helium heran. Doch das verschafft

SAYO STUDIO / SCIENTIFIC AMERICAN SEPTEMBER 2023; BEARBEITUNG: SPEKTRUM DER WISSENSCHAFT

VERSCHIEDENE SPEKTREN Die sichtbaren Farben im Licht der Sonne ziehen sich kontinuierlich von Violett bis zu Rot. Einige schwarze vertikale Linien kennzeichnen die Absorption durch bestimmte Elemente. Im Spektrum eines Wolf-Rayet-Sterns hingegen dominieren relativ schmale leuchtende Bereiche.

REALITÄT UND SIMULATION Eine Aufnahme des James-Webb-Weltraumteleskops (links) zeigt die Staubschichten um das Sternsystem WR 140. Die Struktur passt gut zu einer Computersimulation (rechts) mit 15 aufeinander folgenden Ausstößen. Diese wiederum entsprechen der achtjährigen Periode, mit der sich die Sterne umrunden.

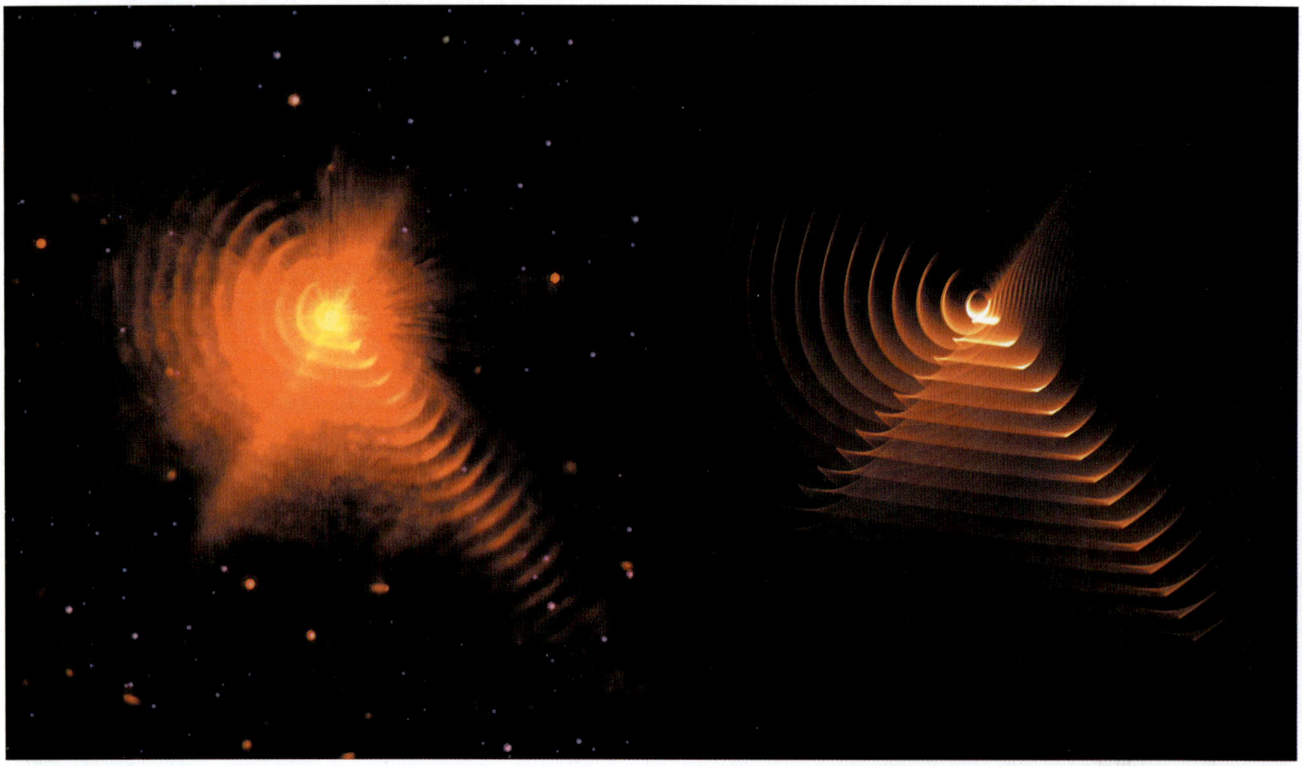

LINKS: NASA, ESA, CSA, STSCI, IMAGE PROCESSING: SHASHANK DHOLAKIA, PETER TUTHILL / LAU, R.M. ET AL.: NESTED DUST SHELLS AROUND THE WOLF-RAYET BINARY WR 140 OBSERVED WITH JWST. NATURE ASTRONOMY 6, 2022 (HTTPS://DOI.ORG/10.1038/S41550-022-01812-X); RECHTS: YINUO HAN / PETER TUTHILL

Das Hertzsprung-Russell-Diagramm

Diese in der Astronomie übliche Darstellung zeigt verschiedene Arten von Sternen entlang zweier Achsen. Auf der Horizontalen ist die Oberflächentemperatur angegeben, die mit dem ausgestrahlten Spektrum zusammenhängt – je heißer, desto stärker verschieben sich die Farben von Rot zu Blau. Die vertikale Achse zeigt die Helligkeit im Vergleich zu unserer Sonne. Diese fristet, wie die meisten Sterne, ihr Leben auf der Hauptreihe. Schließlich wird sie sich zu einem Riesenstern aufblähen, bevor sie als Weißer Zwerg endet. Wolf-Rayet-Sterne liegen in der heißesten und hellsten Ecke des Diagramms (oben links).

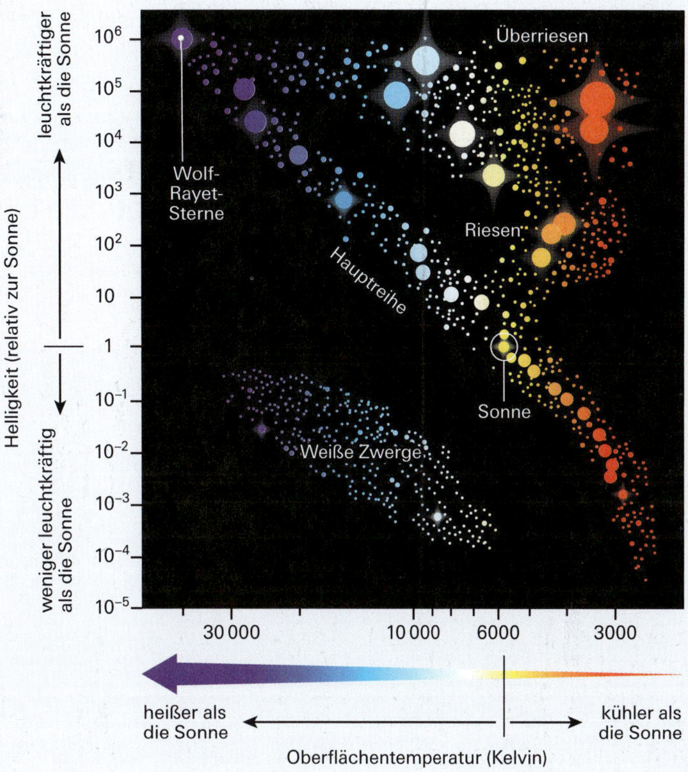

SAYO STUDIO / SCIENTIFIC AMERICAN SEPTEMBER 2023; BEARBEITUNG: SPEKTRUM DER WISSENSCHAFT

seinem Ende nur einen kleinen Aufschub. Die Lebensdauer von Wolf-Rayet-Sternen wird in Millionen von Jahren gemessen, manchmal ist sie sogar noch geringer. Das ist ein kosmologischer Wimpernschlag im Vergleich zum zehn Milliarden Jahre währenden Leben unserer Sonne. Massereiche Sterne sind ohnehin Ausnahmeerscheinungen, und das gilt umso mehr für Wolf-Rayet-Sterne. Es kommt nur einer von ihnen unter Milliarden anderer Sterne vor. Daher kennen wir, obwohl sie auf Grund ihrer Helligkeit leicht mit Teleskopen auffindbar sind, in unserer gesamten Galaxie nur ein paar hundert Exemplare.

Trotz ihrer spärlichen Zahl sind diese mysteriösen Sterne seit jeher mit spannenden astronomischen Phänomenen verknüpft. Zunehmend geraten sie ins Visier leistungsstarker Geräte wie des James-Webb-Weltraumteleskops (JWST). In Kombination mit Computersimulationen löst das einige Rätsel über die beteiligten physikalischen Prozesse, wirft zugleich aber neue Fragen auf.

Von Anfang an bizarr und faszinierend

Zum ersten Mal stießen die französischen Astronomen Charles Wolf und Georges Rayet 1876 auf drei Exemplare der später nach ihnen benannten Himmelskörper im Sternbild Schwan. Damals steckte die Spektroskopie – die Untersuchung astronomischer Objekte durch Aufspaltung ihres Lichts in dessen einzelne Farben – noch in den Kinderschuhen. Dennoch wussten Wolf und Rayet sofort, dass hier etwas äußerst Bizarres vor sich ging. Im Spektrum gewöhnlicher Sterne wie der Sonne findet sich Licht über den gesamten Bereich der sichtbaren Farben hinweg. Einzelne dünne, dunkle Linien sind dort eingestreut, wo bei den entsprechenden Wellenlängen bestimmte chemische Elemente das Licht absorbieren. Die von Wolf und Rayet entdeckten Sterne schienen hingegen etwas ganz anderes zu sein. Die Spektren zeigten relativ schmale leuchtende Bänder mit hellen Farben, die »eher an Nebel erinnern«, schrieben die Astronomen. Das Spektrum glich mehr einer Emission als einer Absorption. Das veranlasste sie zu der Vermutung, diese Sterne könnten »ihre Leuchtkraft hauptsächlich glühenden Dämpfen verdanken«.

In den darauf folgenden Jahrzehnten verstanden Fachleute die Spektren der meisten Sterntypen zunehmend besser, doch Wolf-Rayet-Sterne blieben unerklärliche Exoten. Sie zogen immer wieder Wissenschaftler in ihren Bann – wie den Engländer Ralph Copeland, der 1884 eine Expedition zu den Ufern des Titicacasees in Peru unternahm. Dort untersuchte er ein heute als Gamma Velorum bezeichnetes Objekt, dessen »intensiv helle Linie im Blau und die wunderschöne Gruppe dreier Linien im Gelb und Orange sein Spektrum zum brillantesten und auffälligsten am ganzen Himmel machen«, notierte Copeland. Er war völlig eingenommen davon: »Die außergewöhnliche Schönheit dieses Spektrums veranlasste mich dazu, einen beträchtlichen Teil meiner Zeit auf mehr oder weniger systematische Durchmusterungen der Nachbarschaft der Milchstraße zu verwenden.« Er fand fünf weitere ähnliche Sterne. Zwar bot sich keiner von ihnen ebenso spektakulär dar, doch Copeland verdoppelte so auf einen Schlag die Anzahl der seinerzeit bekannten Wolf-Rayet-Sterne.

Ein halbes Jahrhundert lang blieb das Wolf-Rayet-Phänomen »eine noch zu öffnende Tür mit einem derart merkwürdigen Schlüssel, dass nicht einmal klar ist, wie wir ihn in das Schloss stecken sollen«, wie der US-Astronom Donald Menzel 1929 schrieb. Doch seit den 1930er Jahren gaben verschiedene Untersuchungen endlich Hinweise auf die physikalischen Vorgänge. Die Anmerkung von Wolf und Rayet zu »glühenden Dämpfen« hatte von Anfang an den richtigen Weg gewiesen, aber lange wollte ihn niemand verfolgen, denn die notwendigen physikalischen Bedingungen schienen allzu abenteuerlich zu sein.

Die außerordentlich hohen Temperaturen von Wolf-Rayet-Sternen erzeugen an deren Oberfläche ein intensives Licht, das die Umgebung erheblich beeinflusst. Es gibt eine fundamentale Obergrenze für die Leuchtkraft eines Himmelskörpers, über die hinaus die Strahlung »den Stern in die Luft jagen würde«, wie der englische

Das Rätsel der Staubspirale

Als Astronomen zum ersten Mal den Staub um einen Wolf-Rayet-Stern beobachteten, bot sich ihnen ein verblüffendes Bild: eine leuchtende Spirale. Die Erklärung liegt darin, dass sich der Wolf-Rayet-Stern und ein Begleitstern in diesem Fall gegenseitig umkreisen und fortwährend Gas ausstoßen. Beide Gasströme treffen zwischen den Sternen aufeinander und werden komprimiert, bleiben wegen des Abstands zu ihren Sternen aber kühl. Daher kann das Gas zu Staubpartikeln kondensieren. Die Teilchen werden von den Sternwinden fortgetragen und erscheinen auf Grund der Bewegung der Sterne als sich drehende Staubfahne.

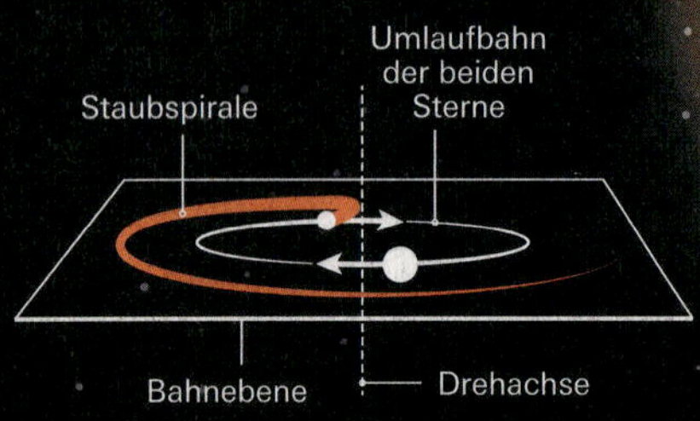

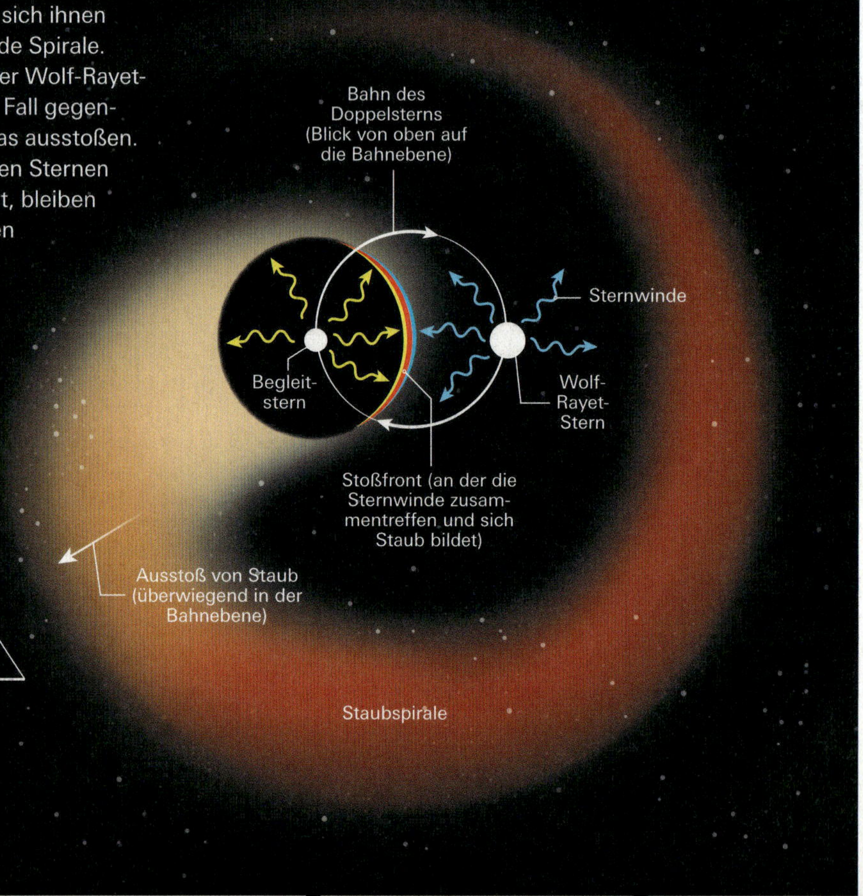

SAYO STUDIO / SCIENTIFIC AMERICAN SEPTEMBER 2023; BEARBEITUNG: SPEKTRUM DER WISSENSCHAFT

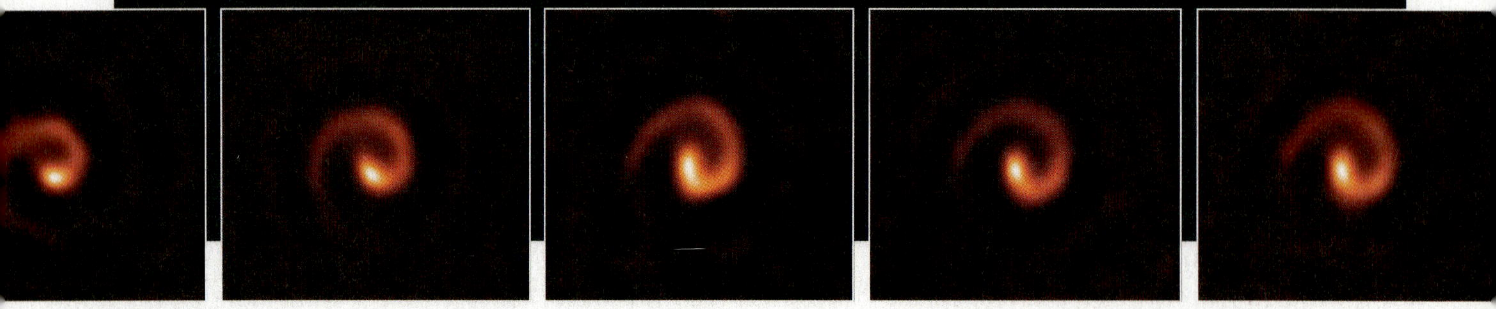

W.M. KECK OBSERVATORY / PETER TUTHILL

Astronom Arthur Eddington 1926 schrieb. Wolf-Rayet-Sterne strahlen so kraftvoll, dass sie immerfort an dieser Eddington-Grenze kratzen. Ihre äußeren Schichten werden ständig vom gleißenden Licht abgestoßen. Dieser starke Sternwind, der mit mehreren tausend Kilometern pro Sekunde strömt – etwa ein Prozent der Lichtgeschwindigkeit –, erweist sich als Schlüssel zum Verständnis von Wolf-Rayet-Sternen. Ein Vergleich mit dem Sonnenwind unseres Heimatsterns würde der Wucht des Phänomens nicht im Entferntesten gerecht. Es übersteigt alles, was wir aus unserer Nachbarschaft kennen, um viele Größenordnungen.

Selbst einige wenige dieser Ausnahmesterne können die Dynamik einer ganzen Galaxie tief greifend beeinflussen. Die Sternwinde tragen Energie und neu entstandene Elemente in den interstellaren Raum, blasen einige Regionen auf, komprimieren andere und erhitzen dabei umhertreibende Gase. Der wichtigste und zugleich wohl am wenigsten erwartbare Beitrag der Wolf-Rayet-Sterne zum weitläufigen Gemenge ist Staub. Diese mikroskopisch kleinen Flöckchen spielen eine tragende Rolle im galaktischen Materietheater. Insbesondere schirmen sie Gas vor der heißen Umgebung ab, wodurch es sich abkühlen, verdichten und neue Generationen von Sternen hervorbringen kann. Lange war es schwer, all den Staub zu erklären, den man im Weltall messen kann. In der Astronomie ist Staub ein wenig wie Schnee: Unter ruhigen Bedingungen und in kühlem Klima gibt es reichlich davon. Doch der wohl letzte Ort, an dem man seine Entstehung vermuten würde, ist inmitten der sengenden ultravioletten Strahlung eines Wolf-Rayet-Sterns.

Das Rätsel, wie sich Schneeflocken in der Hölle bilden können, wurde erst mit der Erforschung eines WR 140 genannten Sternsystems gelöst. In den 1980er Jahren stellte ein Team unter der Leitung des Astronomen Peredur Williams vom Royal Observatory in Edinburgh fest, dass WR 140 den Staub stoßweise aussendet, und zwar alle acht Jahre. Es lag nahe, das auf die achtjährige Periode zurückzuführen, mit der sich in dem beobachteten System der Wolf-Rayet-Stern und ein Begleiter umrunden. Bei dem Partner handelt es sich um einen ebenfalls leuchtkräftigen blauen Stern auf einer elliptischen Umlaufbahn. In diesem Doppelsystem, so stellte sich heraus, bildet sich Staub, wenn sich die Sterne am nächsten kommen. Der Wind des Wolf-Rayet-Sterns trifft auf den des massereichen Begleiters, und in der Mitte zwischen beiden kommt es gewissermaßen zu einem Waffenstillstand. Hier beruhigen sich die Bedingungen gerade genug, damit Gas zu Staub kondensieren kann. Dieser Mechanismus setzt starke Winde von beiden Seiten voraus. Die Bedingung dürfte oft erfüllt sein, da massereiche Sterne häufig gemeinsam mit ähnlich gewichtigen Begleitern entstehen.

Im Gegensatz zu WR 140 stoßen viele andere Wolf-Rayet-Sterne fortlaufend Staub aus, ohne irgendeine erkennbare zeitliche Regelmäßigkeit. Bei meiner Forschung widmete ich mich der Frage, warum das so ist und ob diese kontinuierlichen Staubproduzenten anders funktionieren als die, bei denen es einen offensichtlichen Zusammenhang mit einer Umlaufperiode gibt.

Unkonventionelle Idee mit halsbrecherischer Umsetzung

Mitte der 1990er Jahre arbeitete ich in Kalifornien in der Gruppe des Physik-Nobelpreisträgers Charles Townes mit dem damaligen Studenten John Monnier. Gerade waren die beiden riesigen Keck-Teleskope auf Hawaii in Betrieb genommen worden, die Objekte im sichtbaren und infraroten Bereich beobachten. Um die Entstehung von Staub um Wolf-Rayet-Sterne zu verstehen, brauchten wir jedoch Bilder mit einer Detailgenauigkeit, die selbst Kecks Zehn-Meter-Spiegel nicht boten. Heute könnten wir für solche Zwecke einfach eine so genannte adaptive Optik einschalten, die dem Flimmern der Erdatmosphäre entgegenwirkt und inzwischen zur Standardausrüstung großer Observatorien gehört. Aber in den 1990er Jahren lag eine Technologie, die gut genug für Wolf-Rayet-Sterne gewesen wäre, noch Dutzende von Jahren und viele Millionen Dollar in der Zukunft.

Not macht erfinderisch, und so entwickelten wir eine unkonventionelle Idee. Wir befestigten an einem der Keck-Teleskope eine große Abdeckung aus Metall, etwa so groß wie ein Mülltonnendeckel, mit sorgfältig angeordneten Löchern. Wir mussten mit dieser Maske das Teleskop emporklettern und 15 Meter über dem Boden des Observatoriums hantieren – es überrascht mich noch immer, dass uns das überhaupt erlaubt wurde. Indem wir einen

STAUB IN BEWEGUNG Die Reihe von Einzelaufnahmen zeigt die Spirale um das Sternsystem WR 104, die sich im Verlauf von acht Monaten einmal dreht.

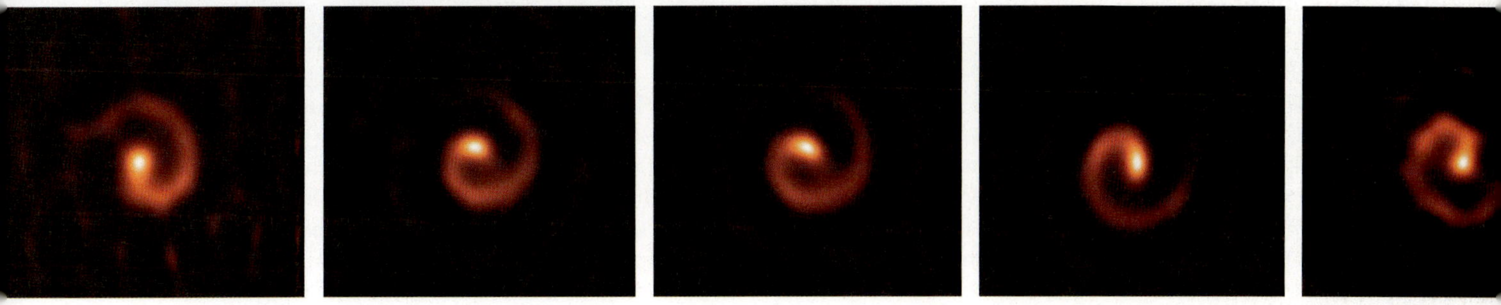

W.M. KECK OBSERVATORY / PETER TUTHILL

Großteil des Sternenlichts gezielt ausblendeten, verwandelten wir den Hauptspiegel in eine Reihe kleinerer Kollektoren. Damit konnte das Keck-Teleskop so ähnlich arbeiten wie moderne Radioteleskope, bei denen viele einzelne Antennen miteinander verbunden sind. Der Leistungszuwachs übertraf unsere kühnsten Erwartungen.

Allerdings erforderte die Erstellung von Bildern mit dieser Maskierungstechnik eine umfassende Computerverarbeitung der Rohdaten und jede Menge selbst geschriebenen Programmcode. Es war ernüchternd, als wir unser wichtigstes Zielobjekt, einen Wolf-Rayet-Stern mit der Bezeichnung WR 104, zum ersten Mal auf dem Bildschirm sahen. Die Aufnahme zeigte eine glühende Spirale und erinnerte an eine seltsam verzerrte Weihnachtsdekoration. Ich blickte John an und stöhnte: »Ich wüsste nicht, dass ein Stern spiralförmig sein kann. Was haben wir beim Programmieren bloß falsch gemacht, dass wir so eine Art von Fehler erhalten?« Wir schrieben den Code um, doch die Spirale blieb bestehen. Erst einige Monate später, als die Daten einer zweiten Messkampagne am Keck-Teleskop erneut eine solche Form hervorbrachten, konnten wir daran glauben. Das neue Bild zeigte fast die gleiche Struktur wie zuvor, allerdings um 90 Grad gedreht. Sie war offenbar nicht nur real, sondern sie bewegte sich außerdem.

Im Nachhinein betrachtet hätten wir genau so etwas erwarten sollen. Staub bildet sich nur aus einerseits dichtem und andererseits kühlem Gas. Ein Wolf-Rayet-Stern hingegen kann an einem beliebigen Ort lediglich eine dieser Bedingungen erfüllen: In der Nähe des Sterns ist das Gas dicht, aber heiß, während es weiter weg kalt, aber zu dünn verteilt ist. An dieser Stelle kommt der Begleiter ins Spiel. Wenn die Winde der beiden Sterne aufeinandertreffen, passiert das weit von ihnen entfernt, wodurch das Gas kühl bleibt. Die Staubkörnchen kondensieren entlang einer komprimierten, schalenförmigen Grenzregion. Während sich die Sterne umeinanderdrehen und ihre Winde nach außen streben, spritzt der Staub ins Weltall wie der Wasserstrahl eines rotierenden Rasensprengers.

Ein Tanz mit vielen Variationen

Das Ergebnis dieses physikalischen Zusammenspiels äußert sich als majestätisch wirbelnde Rauchfahne. In den Augen eines Astrophysikers liegt die eigentliche Schönheit jedoch in noch tieferen Details. Denn die Strukturen gestatten seltene Einblicke in Phänomene, die wir sonst nie zu Gesicht bekommen. Es ist, als notiere die Natur ihre Geheimnisse in unsichtbar kleinen Schriftzeichen, bevor der sich ausbreitende Wind den Text zu einem riesigen Banner aufbläst. Die Parameter des orbitalen Tanzes der Sterne, die wir sonst nicht hätten erkennen können, wurden für uns lesbar. Das erhob WR 104 zum Prototyp einer neuen Klasse von Nebeln, die wir »pinwheels« tauften (Englisch für Windrädchen). Bald fanden wir weitere Systeme mit Namen wie WR 112 und WR 98a mit einer ähnlichen Architektur, aber stets einzigartiger Schönheit. Seither haben uns die kosmischen Windrädchen immer wieder fasziniert und verblüfft.

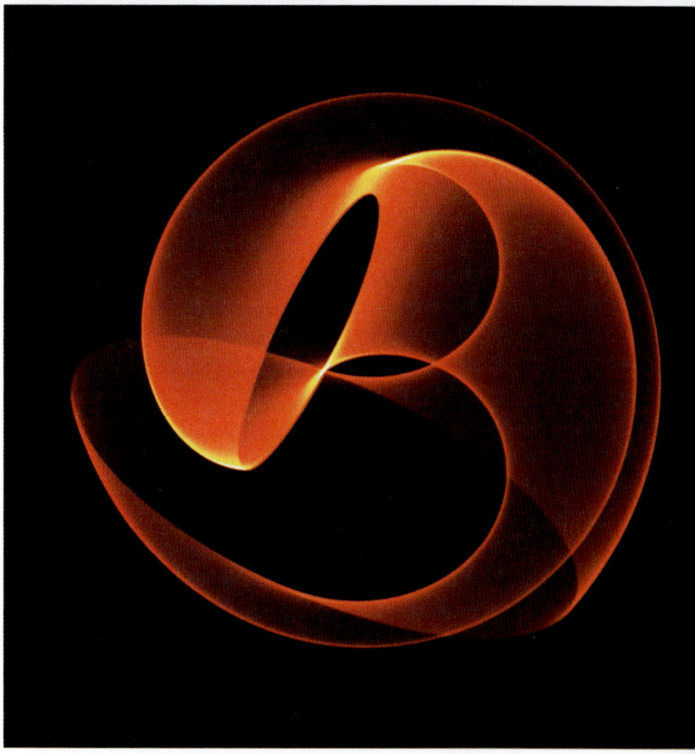

YINUO HAN & PETER TUTHILL

STERNSYSTEM APEP Die Struktur besteht aus einem Wolf-Rayet-Doppelstern im Zentrum sowie einem Riesenstern in einigem Abstand. In Infrarotaufnahmen (oben) ist im heißen Staub eine komplexe Dynamik zu erkennen. Mittels Computersimulationen (unten) lässt sich die herumwirbelnde Wolke reproduzieren.

Eines der Rätsel, mit denen Wolf-Rayet-Sterne verknüpft sein könnten, geht bis ins Jahr 1963 zurück. Damals trat ein Abkommen zum Stopp von Atomwaffentests zwischen den USA und der UdSSR in Kraft. Die USA starteten Satelliten, mit denen sie die Einhaltung des Vertrags überwachen wollten. Die Sensoren an Bord sollten die von den Explosionen ausgehenden Gammastrahlen messen, doch sie begannen Strahlungsblitze zu melden, die nicht von der Erde kamen, sondern von oben – aus dem Weltraum. Diese so genannten Gammastrahlenausbrüche und ihre möglichen Ursachen sind seitdem ein heiß diskutiertes Phänomen in der Astronomie. Eine Unterart von länger andauernden solchen Ereignissen, die mehr als zwei Sekunden anhalten, entsteht vermutlich bei den Supernovae, die sterbende Wolf-Rayet-Sterne verursachen.

Die Gammablitze könnten sogar ein Sicherheitsrisiko für uns darstellen. Normalerweise beeinflussen Supernovae lediglich die unmittelbare Umgebung des explodierenden Sterns. Wenn sie jedoch mit Gammastrahlenausbrüchen verbunden sind, wird der Energieausstoß entlang eines schmalen Strahls gebündelt, der weit ins All reicht. Das bedeutet: Derartige Ereignisse wirken sich bei passender Ausrichtung sogar noch in großen kosmischen Entfernungen aus. Laut einigen spekulativen Studien könnten manche erdgeschichtlichen Katastrophen, wie das Massenaussterben gegen Ende des Ordoviziums vor etwa 450 Millionen Jahren, durch einen solchen Strahlungsblitz verursacht worden sein. Ein Risiko besteht allerdings nur, wenn die Erde genau in der Schusslinie liegt. Mit unseren Daten zu den »pinwheels« konnten wir erstmals die wahrscheinlichen Strahlungsachsen bei denkbaren zukünftigen Explosionen von Wolf-Rayet-Sternen ermitteln. Und tatsächlich könnte ein Strahlungsblitz von WR 104 potenziell in Richtung Erde laufen.

Doch statistisch gesehen ist die Bedrohung durch einen zukünftigen Gammablitz winzig. Bei WR 104 müssten zum Beispiel mehrere sehr unwahrscheinliche Phänomene aufeinander folgen; unter anderem müsste der Stern überhaupt einen Gammastrahlenausbruch hervorbringen und nicht eine typische Supernova. Als wir die Forschungsergebnisse niederschrieben, wägte unser Team die verschwindend geringen, aber von null verschiedenen Wahrscheinlichkeiten ab. Wir beschlossen, in unserer Veröffentlichung nur mit ein paar kurzen, sorgfältig formulierten Sätzen die Möglichkeit zu erwähnen. Natürlich verbreiteten sich diese Zeilen sofort im Internet. Schon bald saß ich im Büro der Abteilungsleitung und musste meine plötzliche Berühmtheit im Zusammenhang mit Verschwörungserzählungen rund um den Maya-Kalender erklären, laut denen 2012 der Weltuntergang bevorstand.

In jüngster Zeit liefern leistungsfähige Observatorien wie das JWST spektakuläre neue Daten. Unter den ersten JWST-Aufnahmen war eine aufschlussreiche Ansicht von WR 140, also dem Objekt, das in einem achtjährigen Zyklus Staub ausstößt. Dank der deutlich höheren Empfindlichkeit des Teleskops können wir viele Staubschichten hintereinander sehen – fast 20 Stück, die sich ins All hinausbewegen. Jede ist ein etwas kleineres Abbild der aufgeblähten älteren Hülle, die ihr vorausgeht. Mein Student Yinuo Han, der heute an der University of Cambridge arbeitet, und ich verglichen diese Beobachtung mit einem früheren Computermodell, das wir für die innerste Staubhülle von WR 140 erstellt hatten. Als wir simulierten, wie die Erscheinung nach 150 Jahren wiederholter Staubproduktion aussehen würde, konnten wir die vom JWST dokumentierte zwiebelschichtartige Gestalt nahezu perfekt reproduzieren. Das zeigt erneut und auf fast unheimliche Weise, wie gut sich die Realität zuweilen mit mathematischen Methoden widerspiegeln lässt.

Unsere vielleicht aufregendste neuere Entdeckung ist das erste bestätigte Binärsystem aus zwei Wolf-Rayet-Sternen, das wir Apep nannten. Apep oder Apophis war der Widersacher des ägyptischen Sonnengottes Ra und wurde als riesige, vielfach gewundene Schlange dargestellt. Die Aufnahmen des scheinbar umschlungenen Sterns erinnerten uns daran. Eine Überraschung bot Apep bei der Berechnung der Geschwindigkeiten des expandierenden Gases sowie des Staubs. Eigentlich sollten diese beiden Zahlen übereinstimmen, und bei allen anderen dieser Spiralstrukturen tun sie das auch. Bei Apep jedoch strömt der Staub nur ein Drittel so schnell wie das Gas, obwohl er sich inmitten eines ungeheuer starken Sternwinds befindet. Es ist, als würde man eine Feder in einem Hurrikan beobachten, die irgendwie in ihrem eigenen Tempo sanft dahinschwebt. Bisher weiß niemand, wie dem Staub um Apep ein solcher Zaubertrick gelingt.

Auch dieser Fall führt den Astronominnen und Astronomen vor Augen, dass die Wirklichkeit oft komplizierter ist, als sie es sich vorgestellt haben. Sobald wir eine Antwort gefunden haben, werden uns diese mysteriösen Objekte sicher wieder neue Rätsel aufgeben. Dafür sind Wolf-Rayet-Sterne berüchtigt: Jedes Mal, wenn sie in Erscheinung treten, wirbeln sie einiges durcheinander. ◂

NASA / JPL-CALTECH / B. WILLIAMS (NCSU)

QUELLEN

Callingham, J.R. et al.: Two Wolf-Rayet stars at the heart of colliding-wind binary Apep. Monthly Notices of the Royal Astronomical Society 495, 2020

Tuthill, P.G. et al.: The prototype colliding-wind pinwheel WR104. The Astrophysical Journal 675, 2008

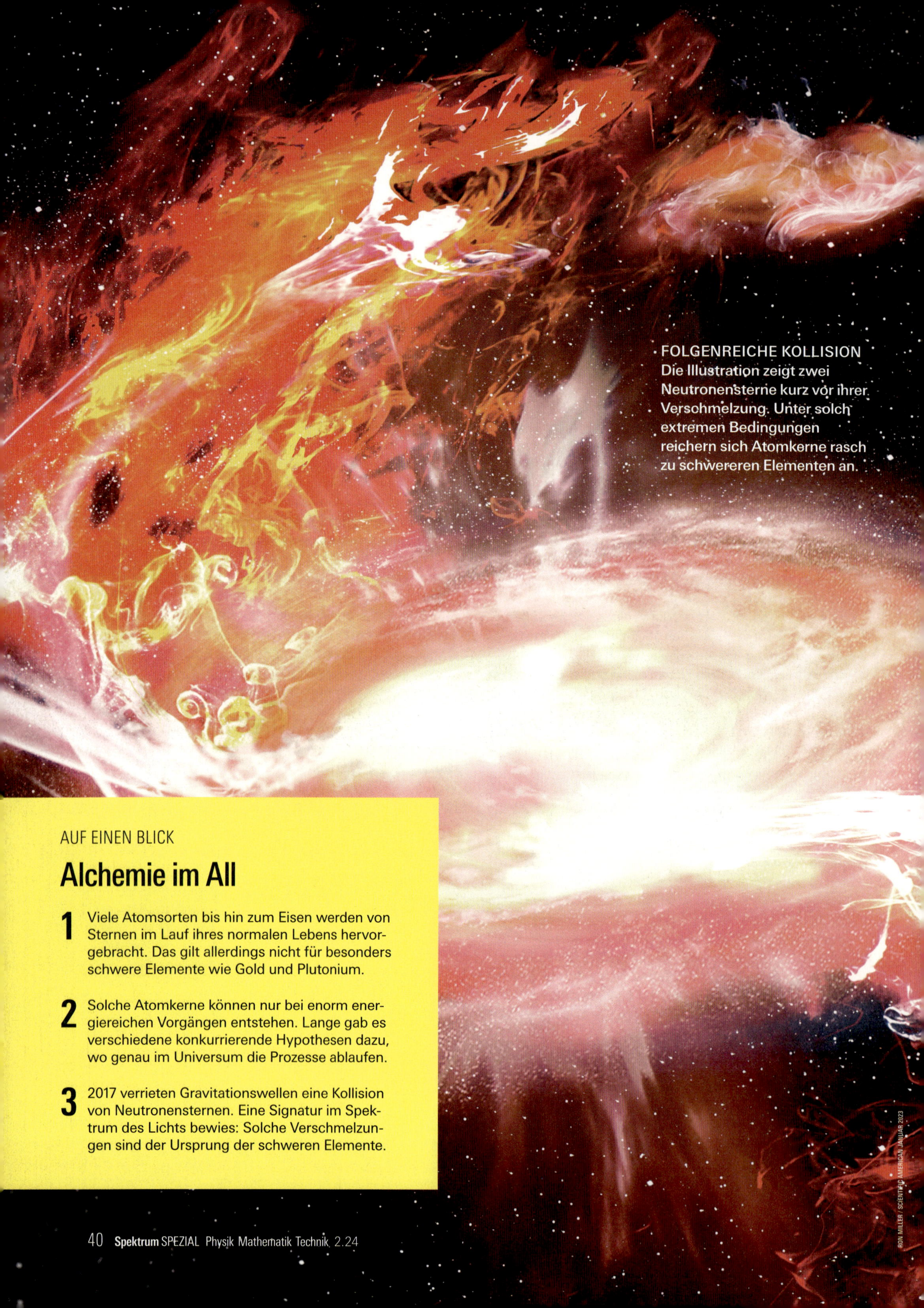

FOLGENREICHE KOLLISION
Die Illustration zeigt zwei Neutronensterne kurz vor ihrer Verschmelzung. Unter solch extremen Bedingungen reichern sich Atomkerne rasch zu schwereren Elementen an.

RON MILLER / SCIENTIFIC AMERICAN, JANUAR 2023

AUF EINEN BLICK

Alchemie im All

1 Viele Atomsorten bis hin zum Eisen werden von Sternen im Lauf ihres normalen Lebens hervorgebracht. Das gilt allerdings nicht für besonders schwere Elemente wie Gold und Plutonium.

2 Solche Atomkerne können nur bei enorm energiereichen Vorgängen entstehen. Lange gab es verschiedene konkurrierende Hypothesen dazu, wo genau im Universum die Prozesse ablaufen.

3 2017 verrieten Gravitationswellen eine Kollision von Neutronensternen. Eine Signatur im Spektrum des Lichts bewies: Solche Verschmelzungen sind der Ursprung der schweren Elemente.

NEUTRONENSTERNE

Kosmische Schmiede der schweren Elemente

Die massereichsten Atome entstehen bei gewaltigen Ereignissen im Weltraum. Welche Abläufe dafür genau verantwortlich sind, war lange unklar – bis Teleskope die Folgen des energiereichen Zusammenstoßes zweier Sternüberreste enthüllten.

Sanjana Curtis ist Astrophysikerin an der University of Chicago und untersucht die Kernreaktionen, die an extremen Orten im Kosmos ablaufen.

RON MILLER / SCIENTIFIC AMERICAN JANUAR 2023

Wo immer wir hinschauen: Kleinste Bruchstücke von Sternen umgeben uns, und zum Teil bestehen wir sogar selbst daraus. Etwa die Hälfte der chemischen Elemente, die schwerer sind als Eisen, stammen aus einigen der heftigsten Sternexplosionen. Aus deren Gas und Staub gehen später neue Himmelskörper hervor. Auch auf der Erde hat sich das Leben im Lauf von 3,7 Milliarden Jahren Evolution mit Hilfe solcher besonders massereicher Atome entwickelt. Jod ist beispielsweise ein Bestandteil unserer Schilddrüsenhormone. Acantharia genannte Vertreter des Mikroplanktons im Meer besitzen komplizierte Mineralskelette, die sie mit dem Element Strontium bilden. Außerdem sind die gewichtigsten Atome aus unserer modernen Technik nicht mehr wegzudenken. Chips in Smartphones und Bildschirme in Laptops funktionieren dank Gallium. Gold ist nicht nur als Schmuck beliebt, sondern dient als Beschichtung der Spiegel des James Webb Space Telescope, weil es im infraroten Bereich des Spektrums gut reflektiert.

Dazu, wie diese und viele weitere der schwersten Bausteine unserer Welt entstanden sind, gibt es seit geraumer Zeit verschiedene wissenschaftliche Erklärungen. Die Modelle waren in ihren Details allerdings lange heftig umstritten. Das änderte sich erst 2017. In jenem Jahr gestatteten astronomische Beobachtungen zum ersten Mal einen direkten Blick auf eine spezielle Art von Nukleosynthese. Der Ablauf beginnt mit einem der seltsamsten Objekte im Universum: einem Neutronenstern.

Neutronensterne sind Überbleibsel von Sternen, die deutlich massereicher sind als unsere Sonne. Sie vergehen am Ende ihres Lebens in einer spektakulären Explosion und hinterlassen einen unvorstellbar dicht komprimierten Kern. Dort nimmt Materie überaus exotische Formen an.

Ein einsamer Neutronenstern würde in den Weiten des Weltraums einfach immer mehr abkühlen. Doch die meisten massereichen Sterne befinden sich in einem Doppelsystem mit einem Begleiter. Irgendwann ereilt den Partner das gleiche Schicksal, und schließlich umkreisen zwei Neutronensterne einander. Dabei verlieren sie allmählich Bewegungsenergie. In einem Jahrtausende andauernden Tanz nähern sich die Sternüberreste deswegen spiralförmig einander an, während Gezeitenkräfte an ihnen reißen und neutronenreiche Materie mit fast einem Drittel der Lichtgeschwindigkeit ins All schleudern. Letztendlich verschmelzen sie in einer dramatischen Kollision und entfachen ein kosmisches Feuerwerk über das gesamte elektromagnetische Spektrum. Das schlägt sogar Wellen im Gefüge von Raum und Zeit selbst.

Verräterisches Aufblitzen

Ein ganz bestimmter solcher Zusammenstoß hat sich in etwa 130 Millionen Lichtjahren Entfernung ereignet, während auf unserem Planeten noch die Dinosaurier herrschten. Die Ausschläge in der Raumzeit, Gravitationswellen genannt, bahnten sich ihren Weg durch den Kosmos bis zur Milchstraße, und in der Zeit, die sie für die große Distanz brauchten, veränderte sich das Leben auf der Erdoberfläche gravierend. Arten entwickelten sich und starben aus, Zivilisationen entstanden und gingen unter, und neugierige Menschen konstruierten hochempfindliche Instrumente, mit denen sie unglaublich schwache Signale von winzigen Verzerrungen der Raumzeit aufzeichnen konnten. Auf diese Messgeräte trafen kurz darauf, im Jahr 2017, die Gravitationswellen von der Verschmelzung jener Neutronensterne. Genauso schnell kam das Licht an, das dabei ausgesandt worden war. Dessen Spektrum trug ein charakteristisches Signal mit sich, das die Produktion schwerer Elemente bezeugte.

Als Expertin für kosmische Kataklysmen faszinieren mich die dramatischen Aspekte dieser Geschichte ebenso wie die wissenschaftlichen. Mich begeistern die Entstehung von etwas Neuem aus einem vergangenen Stern sowie der Umstand, dass wir einen solchen Vorgang tatsächlich auf zwei Arten beobachten. Wir können sowohl Gravitationswellen als auch elektromagnetische Strahlung aus derselben kosmischen Quelle nachweisen. Das lässt nie da gewesene Untersuchungen von Sternexplosionen und der Synthese von Elementen zu. Die Erkenntnisse daraus haben bereits einige hartnäckige Rätsel der Astrophysik gelöst und gleichzeitig weitere Fragen aufgeworfen.

Das Bestreben, die Entstehung schwerer Atome zu verstehen, ist Teil der fundamentalen wissenschaftlichen Suche nach dem Ursprung von allem. Dabei reicht die Geschichte der Bestandteile des Periodensystems vom Urknall bis in die Gegenwart. Die drei ersten Einträge in der Tabelle, Wasserstoff, Helium und Lithium, lassen sich auf wenige Minuten nach der Geburt des Universums zurückführen. Aus diesen Atomen bildeten sich bald Sterne, die intensiv leuchteten und in ihrem Inneren sowohl während ihrer kurzen Existenz als auch bei ihrem explosiven Tod die vorhandenen Atomkerne zu schwereren fusionierten. Aus den Überresten wiederum entstand die nächste Generation von Sternen. Der Prozess aus Werden und Vergehen setzt sich bis heute fort, und mit jedem Zyklus bereichert er den Kosmos um Elemente bis hin zum Eisen mit 26 Protonen im Atomkern.

Was die Atomgewichte jenseits des Eisens angeht, gibt es seit einigen Jahrzehnten die Hypothese, dass etwa die Hälfte dieser Elemente beim schnellen Neutroneneinfang entstehen, einem Vorgang, der r-Prozess genannt wird (kurz für englisch: »rapid«). Der Rest lässt sich auf langsamen Neutroneneinfang (s-Prozess, für »slow«) zurückführen, eine relativ gut verstandene Abfolge von Reaktionen in Sternen. Die schwersten bisher bekannten Elemente, Tenness mit 117 Protonen und Oganesson mit 118, kommen in der Natur überhaupt nicht vor. Sie wurden in Teilchenbeschleunigern erzeugt, wo sie nach nur Tausendsteln von Sekunden wieder zerfallen.

Sowohl beim r- als auch beim s-Prozess werden einem Atomkern ein oder mehrere Neutronen hinzugefügt. Allein dadurch entsteht jedoch noch kein schwereres Element, da ein Element durch die Anzahl der Protonen im Kern definiert ist. Vielmehr erhält man ein Isotop derselben Atomsorte, das heißt, der Kern besitzt die gleiche Menge Protonen, aber mehr Neutronen. So ein Isotop ist oft instabil und radioaktiv. Durch den so genannten Beta-Minus-Zerfall

Erstaunlich kugelförmige Explosion

Die Kilonova von 2017 lieferte einen reichhaltigen Datenschatz, dessen Analyse andauert und weiterhin für Überraschungen sorgt. Eine verblüffende Erkenntnis betrifft die geometrische Form der Explosion, also ihre Ausbreitung zu verschiedenen Seiten. Bei einem System aus sich eng umkreisenden Objekten erwartet man eigentlich eine asymmetrische Struktur, die in der Rotationsebene anders aussieht als entlang der Pole. Im Februar 2023 stellte ein Team um Albert Sneppen von der Universität Kopenhagen allerdings fest, dass sich die Kilonova in beide Richtungen gleich schnell fortpflanzte. Hinter dieser Symmetrie vermutet der Physiker unerwartete Effekte: »Die wahrscheinlichste Erklärung dafür ist, dass eine enorm kraftvolle Explosion die Asymmetrien in der Umgebung glättet. Die Kugelform deutet daher auf eine unerwartet starke Energiefreisetzung im Kern hin.« Bei der Verschmelzung entsteht wohl kurzfristig ein übermäßig schwerer Neutronenstern, der nach Millisekunden zu einem Schwarzen Loch kollabiert. Sneppen spekuliert auf eine besondere Rolle der noch immer in vielen Aspekten mysteriösen Neutrinos. »Während seiner begrenzten Lebensdauer könnte der hypermassereiche Neutronenstern intensive Neutrinostrahlung abgeben.« Das würde außerdem erklären, warum nicht nur Strahlung allgemein, sondern auch extrem schwere Elemente weniger asymmetrisch herausgeschleudert wurden als gedacht: »Neutrinos wandeln Neutronen in Protonen und Elektronen um«, erklärt Sneppen. Diese Neutronen fehlen dann für den r-Prozess. »So könnten insgesamt mehr vergleichsweise leichte Elemente entstehen.«

QUELLE

Sneppen, A. et al.: Spherical symmetry in the kilonova AT2017gfo/GW170817. Nature 614, 2023

ALBERT SNEPPEN, NIELS BOHR INSTITUTE (ERSTELLT MIT DALL-E)

SPHÄRISCHES SPEKTAKEL
Kurz nach der Explosion formte die Strahlung eine Kugelschale wie in dieser Illustration.

verwandelt sich ein Neutron in ein Proton, wobei zusätzlich ein Elektron und ein weiteres Elementarteilchen namens Neutrino entstehen. Erst so erhöht sich die Protonenzahl im Atomkern, und ein neues Element geht hervor.

Der Hauptunterschied zwischen den beiden Prozessen ist die Geschwindigkeit. Beim langsamen s-Prozess hat das Neutron nach dem Einfangen genügend Zeit, um unter anderem in ein Proton zu zerfallen und das nächste stabile Element im Periodensystem mit einem Proton mehr zu bilden, bevor ein weiteres Neutron dazustößt. In den Sternen, in denen der s-Prozess abläuft, geschieht das über Jahrtausende, weil die dort herumfliegenden Neutronen dünn gesät sind und nur gelegentlich von Atomen aufgenommen werden.

Im Gegensatz dazu erzeugt der r-Prozess eine umfassende Palette an schweren Elementen in einem einzigen, kaum eine Sekunde dauernden schöpferischen Blitz. Reichlich vorhandene Neutronen bombardieren nacheinander einen Kern, bevor er Zeit zum Zerfall hat. Der Atomrumpf bläht sich so in kürzester Zeit zu einem hochgradig instabilen Isotop auf, bis hin zur »Abbruchkante«. Diese (auch nach dem englischen Begriff Dripline genannte) Grenze ist das höchstmögliche Verhältnis von Neutronen zu Protonen. Jenseits der Abbruchkante würde für weitere Neutronen keine Bindungsenergie mehr frei.

Der auf eine enorme Masse aufgepumpte Kern wandelt schließlich viele seiner Neutronen durch Betazerfall in Protonen um oder zerbricht sogar in kleinere Stücke. Dadurch entsteht eine Reihe von stabilen schweren Elementen. Viele Details dieses Vorgangs sind noch unklar, und in etlichen Zwischenschritten können exotische Kerne hervorgehen, die theoretisch nicht gut verstanden sind. Die Abläufe sprengen die Grenzen bestehender Modelle. Sie in heutigen Laboren nachzustellen und zu vermessen ist schwierig, mitunter sogar unmöglich.

Mit der Zeit sind viele Hypothesen dazu entstanden, an welchen Orten im Universum der r-Prozess stattfinden könnte. Mehr als sechs Jahrzehnte lang blieb allerdings offen, wo genau es tatsächlich dazu kommt – das war eines der größten Rätsel der nuklearen Astrophysik. Beispielsweise galten so genannte Kernkollaps-Supernovae als heiße Kandidaten für Heimstätten des r-Prozesses. Dabei handelt es sich um Explosionen von Sternen mit mehr als der acht- bis zehnfachen Masse unserer Sonne.

Kosmische Atomschmiede

Die meisten leichteren Atome vom Helium bis hin zum Eisen mit 26 Protonen im Kern gehen aus den Fusionsprozessen im Inneren von Sternen hervor. Doch jenseits davon wird es rätselhafter. Gold mit 79 Protonen in jedem Atom kann ebenso wenig auf diese Weise entstehen wie etwa Platin, Xenon, Radon und viele so genannte seltene Erden.

Jahrzehntelang war umstritten, woher solche Elemente stammen. Die Grafik erläutert die führende Hypothese, laut der ein höchst gewaltsames Ereignis im Weltraum die Ursache ist. Bis vor einigen Jahren gab es dafür keinen Nachweis durch Beobachtungen, aber dann registrierten Teleskope zur gleichen Zeit Gravitationswellen und Licht von einem Zusammenstoß zweier Neutronensterne. Das untermauerte nicht nur Modelle, sondern lieferte überdies Daten zum Ablauf solcher Vorgänge.

3 Beim r-Prozess prallen Neutronen auf einen vorhandenen Atomkern, etwa Eisen, das schwerste Element, das bei der Fusion in einem Stern entstehen kann. Der Kern beginnt mit 26 Protonen und üblicherweise um die 30 Neutronen. Durch das Bombardement mit freien Neutronen lagern sich etliche von ihnen innerhalb von Millisekunden an.

2 Der Zusammenstoß zweier Neutronensterne setzt neben Gravitationswellen und elektromagnetischer Strahlung jede Menge Neutronen frei – bis zu einem Gramm pro Kubikzentimeter. Unter diesen extremen Bedingungen läuft der r-Prozess ab.

1 Neutronensterne sind, abgesehen von Schwarzen Löchern, die am dichtesten gepackten Objekte im Universum. Sie entstehen beim Kollaps des Kerns eines sterbenden massereichen Sterns. Unvorstellbar starke Gravitationskräfte quetschen die Protonen und Elektronen in Atomen zu Neutronen zusammen. Aus diesen besteht der Sternüberrest fast ausschließlich.

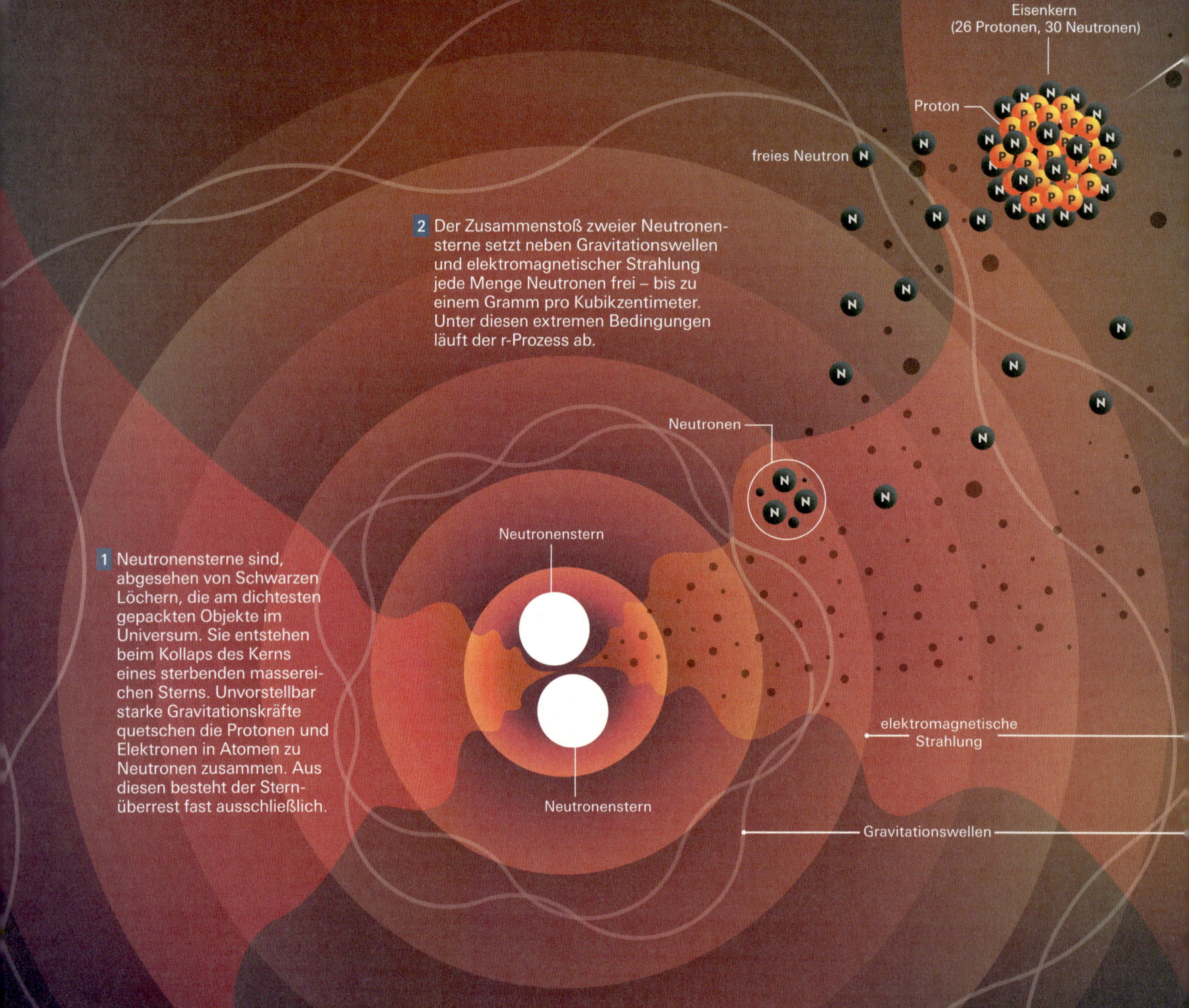

JASON DRAKEFORD / SCIENTIFIC AMERICAN JANUAR 2023; BEARBEITUNG: SPEKTRUM DER WISSENSCHAFT

4 Wegen des krassen Überschusses an Neutronen ist der daraus hervorgegangene Atomkern hochgradig radioaktiv.

Mit einem Ring aus Gold oder Platin trägt man ein Souvenir eines solchen kosmischen Spektakels.

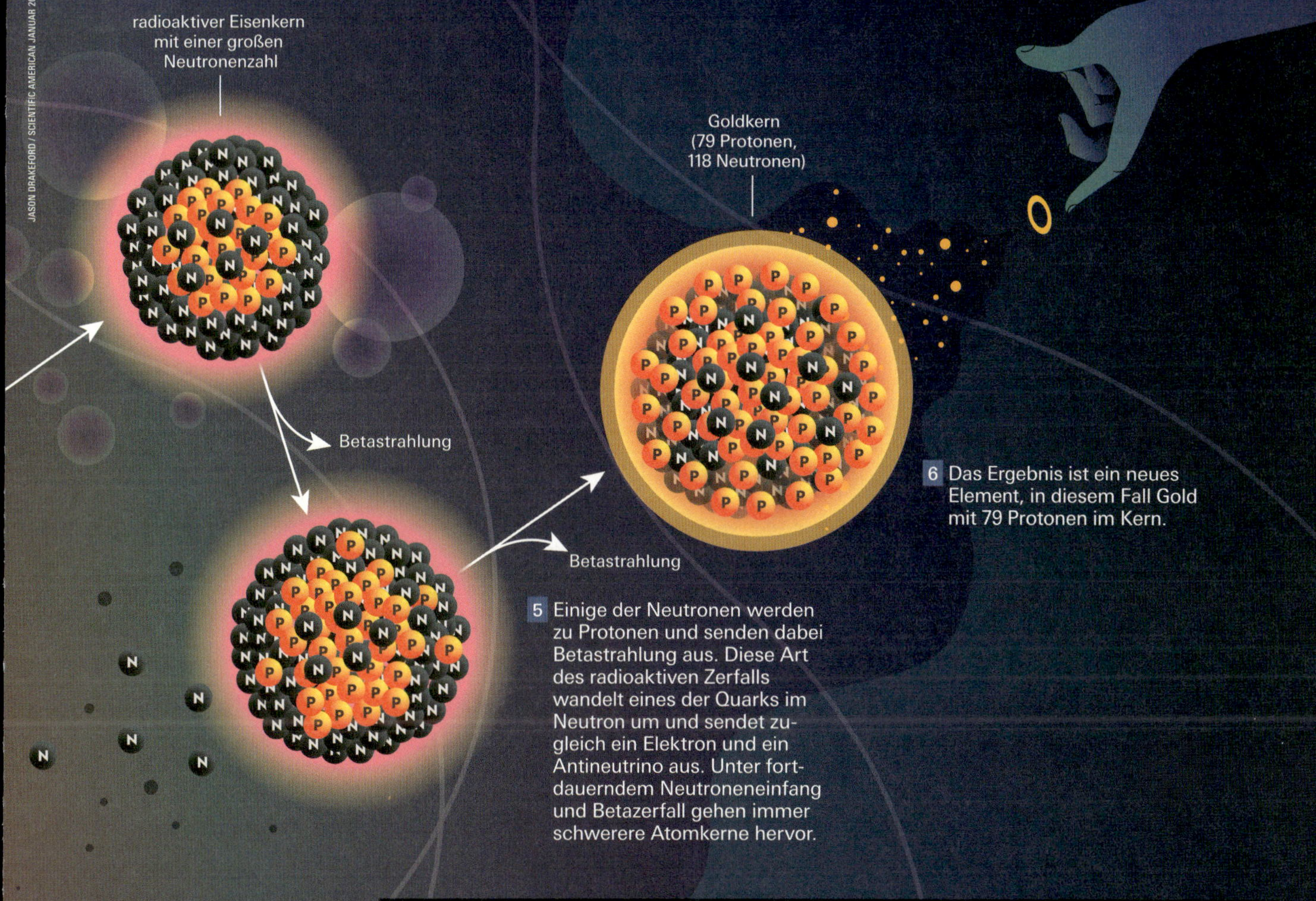

6 Das Ergebnis ist ein neues Element, in diesem Fall Gold mit 79 Protonen im Kern.

5 Einige der Neutronen werden zu Protonen und senden dabei Betastrahlung aus. Diese Art des radioaktiven Zerfalls wandelt eines der Quarks im Neutron um und sendet zugleich ein Elektron und ein Antineutrino aus. Unter fortdauerndem Neutroneneinfang und Betazerfall gehen immer schwerere Atomkerne hervor.

JASON DRAKEFORD / SCIENTIFIC AMERICAN JANUAR 2023; BEARBEITUNG: SPEKTRUM DER WISSENSCHAFT

Direkter Nachweis

Die ersten klaren Daten, mit denen sich der r-Prozess belegen ließ, entstammen einer Verschmelzung von Neutronensternen, von der uns Licht und Gravitationswellen gleichzeitig erreicht haben. Das schwere Element Strontium hat dem Spektrum der aufgezeichneten Strahlung seine charakteristische Signatur aufgeprägt. Es war also bei demselben Vorgang zugegen, der die Raumzeit erschüttert hat.

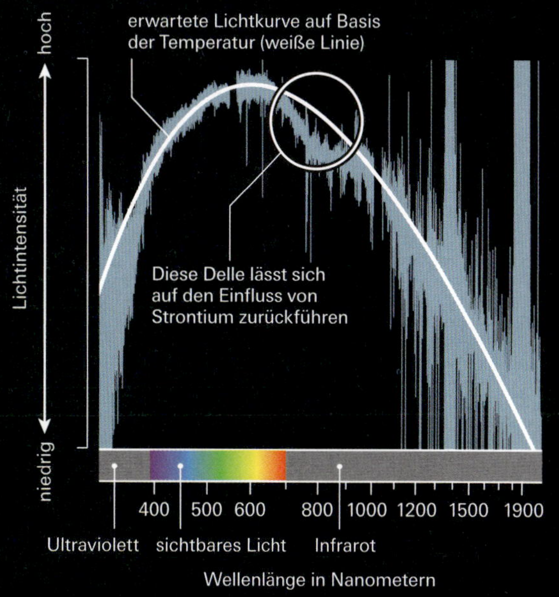

JASON DRAKEFORD, NACH WATSON, D. ET AL.: IDENTIFICATION OF STRONTIUM IN THE MERGER OF TWO NEUTRON STARS. ARXIV:1910.10510, 2019, FIG. 1 (HTTPS://DOI.ORG/10.48550/ARXIV.1910.10510) / SCIENTIFIC AMERICAN JANUAR 2023; BEARBEITUNG: SPEKTRUM DER WISSENSCHAFT

Elemente aus dem r-Prozess

Die Bestandteile des Periodensystems stammen aus verschiedenen Quellen. Wasserstoff, Helium und Lithium sind bereits kurz nach dem Urknall entstanden. Andere leichte Elemente gehen aus den Fusionsprozessen in Sternen hervor. Die hier gelb markierten Atomsorten kommen hingegen entweder vollständig oder zum Teil aus dem r-Prozess, bei dem leichte Kerne sehr schnell Neutronen einsammeln, die zu Protonen zerfallen.

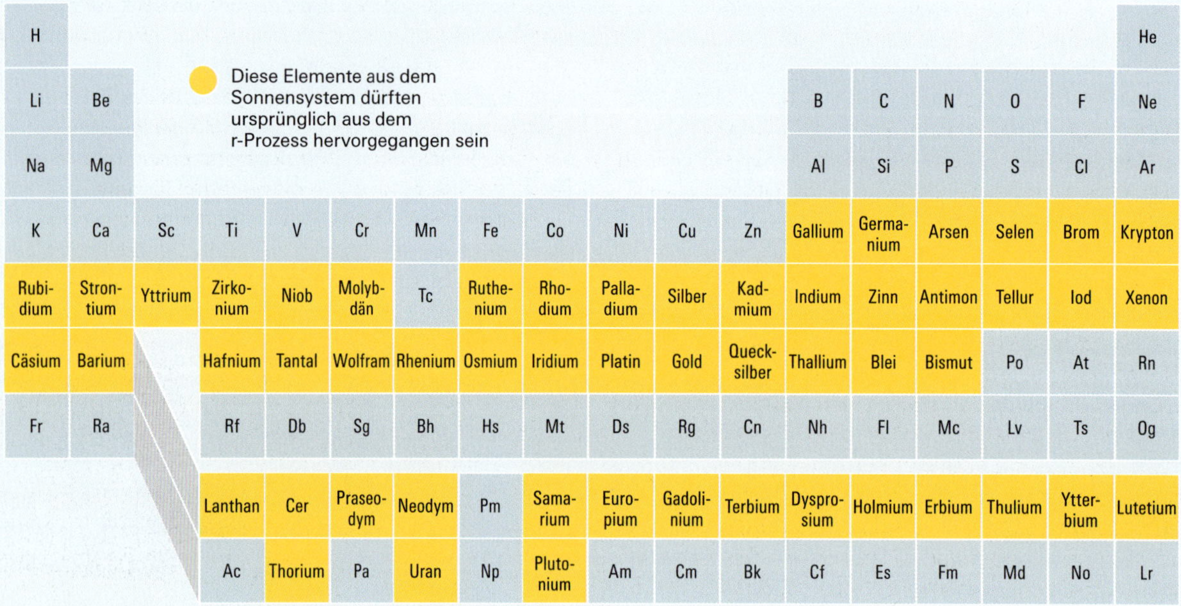

JEN CHRISTIANSEN, NACH JOHNSON, J.A.: POPULATING THE PERIODIC TABLE: NUCLEOSYNTHESIS OF THE ELEMENTS. SCIENCE 363, 2019 (HTTPS://DOI.ORG/10.1126/SCIENCE.AAU9540) UND NACH SNEDEN, C. ET AL.: NEUTRON-CAPTURE ELEMENTS IN THE EARLY GALAXY. ANNUAL REVIEW OF ASTRONOMY AND ASTROPHYSICS 46, 2008 (HTTPS://DOI.ORG/10.1146/ANNUREV.ASTRO.46.060407.145207) / SCIENTIFIC AMERICAN JANUAR 2023; BEARBEITUNG: SPEKTRUM DER WISSENSCHAFT

Doch bei Simulationen typischer Kernkollaps-Supernovae im Computer ließen sich die erforderlichen Neutronenmengen und thermodynamischen Bedingungen nicht gut reproduzieren, mit Ausnahme seltener Ereignisse unter Beteiligung starker Magnetfelder.

1974 berechneten die Astrophysiker James Lattimer und David Schramm, die damals an der University of Texas in Austin arbeiteten, ein Szenario, bei dem Neutronensterne die Zutaten für den r-Prozess liefern. Ein Neutronenstern entsteht, wenn einem massereichen Stern der Brennstoff ausgeht. Daraufhin kollabiert die Materie infolge ihrer Schwerkraft und drückt mit überwältigender Kraft immer weiter nach innen. Das komprimiert die Zentralbereiche auf eine unvorstellbar hohe Dichte, die Elektronen und Protonen zu Neutronen zusammenquetscht. Während die äußeren Hüllen des Sterns bei einer Supernova herausgeschleudert werden, bleibt der Neutronenstern intakt. Dieser kompakte Überrest enthält die dichteste bekannte Materie im Universum.

Jenseits einer bestimmten Masse kollabieren Neutronensterne haltlos weiter zu Schwarzen Löchern. Aber es ist weder der genaue Punkt des Übergangs bekannt noch wie gut sich Neutronensterne zusammendrücken lassen, das heißt ihre innere Struktur. Sie könnten unter einer oberflächlichen Kruste aus schwereren Kernen hauptsächlich Neutronen und einen kleinen Anteil Protonen enthalten. Möglicherweise ist ihr Innenleben allerdings noch merkwürdiger und beherbergt besonders bizarre Formen der Materie aus Quarks, den Bausteinen von Protonen und Neutronen.

Von wo genau kommen die Atome?

Die Idee von Lattimer und Schramm: Bei der Kollision eines Neutronensterns mit einem Schwarzen Loch sollten jede Menge Neutronen frei werden, die den r-Prozess antreiben. 1982 veröffentlichte Schramm gemeinsam mit Eugene Symbalisty von der University of Chicago Berechnungen zu einem verwandten Szenario, bei dem zwei Neutronensterne verschmelzen.

Ein Teil der Fachwelt arbeitete daraufhin intensiv an einem Verständnis darüber, wie diese Zusammenstöße neue Elemente hervorbringen könnten. Die Forschungsgruppen konzentrierten sich vor allem auf die Vereinigung von Neutronensternen und versuchten vorherzusagen, welche Art von Licht dabei zu erwarten wäre. Einige vermuteten einen Zusammenhang mit Gammastrahlenausbrüchen. Das sind kosmische Explosionen, die einen Blitz aus äußerst energiereicher Strahlung aussenden.

Da die Kerne beim r-Prozess radioaktiv zerfallen, heizen sie ihre Umgebung auf. Das dabei entfachte elektromagnetische Feuerwerk trägt charakteristische Signaturen der daran beteiligten Elemente. 2010 prägte das Team um Brian Metzger von der Columbia University in New York den Begriff Kilonova für solche Ereignisse. Der Name bezieht sich auf Lichtblitze, die Nova heißen. Eine Kilonova sollte laut Metzgers Berechnungen etwa 1000-mal heller leuchten. Diese intensiven theoretischen Arbeiten harrten einer direkten Bestätigung – bis zu jener bemerkenswerten Beobachtung von 2017.

Der grundsätzliche Nachweis von Beben in der Raumzeit war kurz zuvor mit dem Observatorium LIGO in den USA gelungen. Die ersten, im September 2015 aufgezeichneten Gravitationswellen wurden von zwei miteinander verschmelzenden Schwarzen Löchern erzeugt. Das Ereignis erhielt den Namen GW150914. Zu jener Zeit studierte ich an der North Carolina State University in Raleigh, und wir alle verfolgten im Gemeinschaftsraum unseres Instituts die öffentliche Verkündung. Als ich mich näher über die physikalischen Hintergründe informierte, wurde mir klar, dass die Kollision von Neutronensternen weniger energiereich und somit schwieriger zu entdecken sein würde als die von Schwarzen Löchern. Doch die Hoffnungen, so ein Ereignis würde ebenfalls bald aufgedeckt, wurden nicht enttäuscht.

Zunächst zeichneten LIGO und sein europäisches Pendant Virgo immer mehr Kollisionen von Schwarzen Löchern auf. Dann hörte ich im Herbst 2017 Gerüchte, zum ersten Mal sei eine Neutronensternkollision beobachtet worden. Mehr noch, neben dem Gravitationswellensignal hätten andere Detektoren einen kurzen Gammastrahlenausbruch aufgefangen sowie etwas, was eine Kilonova gewesen sein könnte. Die Aufregung in der physikalischen Gemeinschaft war groß. Tatsächlich gaben die beteiligten Teams bald eine Beobachtung mit der Bezeichnung GW170817 bekannt und berichteten von damit verbundenen elektromagnetischen Signalen (siehe »Spektrum« Januar 2018, S. 58). Unmittelbar darauf gab es reihenweise Veröffentlichungen über GW170817.

Das Ereignis wurde als Durchbruch bei der »Multimessenger-Astronomie« gefeiert. Hierbei geht es darum, ein kosmisches Ereignis mittels grundverschiedener Arten von Teleskopen aufzuzeichnen, die Informationen zu kombinieren und so zu einem umfassenderen Verständnis zu gelangen. 2017 waren zum ersten Mal Gravitationswellen von derselben Quelle zu detektieren wie sichtbares Licht sowie Radio- und Röntgenstrahlung.

Die Entfernung von etwa 130 Millionen Lichtjahren klingt sehr groß, ist aber verglichen mit üblichen Ausgangsorten von Gravitationswellen sehr nah. Anhand der Signaldetails wie der zeitlichen Veränderung von Frequenz und Intensität gelang die Abschätzung, dass jeder Neutronenstern etwa das 1,17- bis 1,6-Fache der Masse unserer Sonne und einen Radius von elf bis zwölf Kilometern hatte. Da LIGO und Virgo auf verschiedenen Kontinenten stehen, war durch den Abgleich der Messungen der Ursprung des Gravitationswellensignals auf einen engen Himmelsbereich eingrenzbar. Aus der gleichen Richtung orteten die Gammateleskope Fermi-GBM und INTEGRAL nur 1,7 Sekunden nach dem Eintreffen der Wellen von GW170817 einen schwachen Strahlungsausbruch, der nur wenige Sekunden dauerte. Weitere Aufnahmen, etwa mit dem Ein-Meter-Teleskop Henrietta Swope am Las-Campanas-Observatorium in Chile, zeigten überdies einen neuen leuchtenden Punkt in der Galaxie NGC 4993. Das Licht ließ sich in seine einzelnen Farben zerlegen, und das Spektrum deutete auf das Vorhandensein schwerer Elemente hin. Wir hatten es hier also wirklich mit einer Kilonova zu tun.

Ihr Spektrum veränderte sich im Lauf der Zeit auf interessante Weise. Kürzere blaue Wellenlängen erreichten früh ein Maximum, und während einer späteren Phase der Verschmelzung dominierten längere rote Wellenlängen. Die jeweiligen Spitzenwerte lassen sich durch die Zusammensetzung und die Geschwindigkeit des ausgestoßenen Materials erklären. Sich schnell bewegende Komponenten rufen den blauen Teil der Kilonova hervor. Sie bestehen hauptsächlich aus vergleichsweise leichten Elementen ohne Beteiligung der so genannten Lanthanoide. Das sind die sich chemisch ähnelnden Metalle des Periodensystems von Lanthan bis Lutetium, die für blaues Licht ziemlich undurchsichtig sind. Der rötliche Aspekt der Kilonova beruht dagegen auf sich langsamer bewegenden Auswürfen. Sie enthalten schwerere Elemente, darunter Lanthanoide.

Fährtenlesen in den Lichtkurven

Mit der Frage, woher genau diese unterschiedlichen Komponenten bei der Kollision stammen, begeben wir uns auf das unsichere Terrain von Modellen und Simulationen. Es ist hinsichtlich vieler Aspekte offen, wie das Material ausgeworfen wird, woraus es besteht und wie sich die Kilonova entwickelt. Die Spektren solcher Ereignisse sind nicht einfach zu entschlüsseln. Da die Atome schnell umherfliegen, verschmieren und vermischen sich ihre charakteristischen Fingerabdrücke. Außerdem gibt es für die atomaren Eigenschaften vieler schwerer Elemente noch nicht hinreichend präzise Messdaten, was die Vorhersage der spektralen Signaturen erschwert. Das einzige plausibel nachgewiesene konkrete Element in der

»Trifft ein Neutronenstern ein Schwarzes Loch …«

Die Kollisionen Schwarzer Löcher sind zwar für die allermeisten der bislang detektierten Gravitationswellenereignisse verantwortlich. Aber sie spielen für die Produktion neuer Elemente keine nennenswerte Rolle, weil aus Schwarzen Löchern keine Materie entkommt.

Beim Aufeinandertreffen zweier Neutronensterne hingegen zerreißen beide, und es entsteht auf einen Schlag das Vieltausendfache der Erdmasse an schweren Metallen. Solche Zusammenstöße wurden bis Anfang 2023 erst zweimal mittels Gravitationswellen nachgewiesen: 2017 und 2019. In letzterem Fall ließ sich kein optisches Gegenstück sicher identifizieren, weil die Kollision weiter entfernt lag (uns also weniger hell erscheinen würde) und sich der in Frage kommende Himmelsbereich nicht gut genug eingrenzen ließ.

Quasi als Kombination beider Szenarien ist noch eine dritte Art von Verschmelzung möglich: Ein Neutronenstern prallt auf ein Schwarzes Loch. Tatsächlich wurden im Januar 2020 innerhalb von nur zehn Tagen die Gravitationswellen gleich zweier solcher Vorkommnisse registriert. Leider jeweils ohne detektiertes Licht; allein die Massen der beteiligten Objekte haben deren Charakter als typische Neutronensterne (mit etwa 1,9 beziehungsweise 1,5 Sonnenmassen) und Schwarze Löcher (mit grob 9 und 6 Sonnenmassen) offenbart.

Prinzipiell entstehen dabei ebenfalls reichlich schwere Elemente. Das Schwarze Loch zerrt immer stärker am Neutronenstern, bis er durch die enormen Gezeitenkräfte zerrissen und verwirbelt wird. Freigesetzte Neutronen schleudern umher und kurbeln den r-Prozess an. Doch wie effektiv läuft dieser ab, gerade im Vergleich mit dem Zusammenstoß zweier Neutronensterne?

Verschiedene Forschungsgruppen suchen mittels aufwändiger Computermodelle nach einer Antwort. Einen systematischen Vergleich haben die LIGO-Physikerin Hsin-Yu Chen und ihr Kollege Salvatore Vitale vom Massachusetts Institute of Technology in Cambridge zusammen mit dem auf solche Simulationen spezialisierten Francois Foucart von der University of New Hampshire in Durham im Oktober 2021 präsentiert. Für die Arbeit nutzten sie einerseits die Gravitationswellendaten zu den jeweiligen Entdeckungen, andererseits umfangreiche numerische Berechnungen. Zu unterschiedlichen Szenarien betrachteten sie jeweils 100 000 Verschmelzungen. Ihr Fazit: Die Produktion schwerer Elemente hängt zwar von vielen Parametern ab, unter anderem davon, wie genau sich die einzelnen Objekte relativ zueinander drehen. Aber insgesamt dürften Verschmelzungen zwischen zwei Neutronensternen im Lauf der vergangenen 2,5 Milliarden Jahre dem Kosmos mehr schwere Elemente beschert haben als Situationen, bei denen ein Neutronenstern von einem Schwar-

Lichtkurve der Kilonova GW170817 ist laut einer 2019 veröffentlichten eingehenden Datenanalyse Strontium. Immerhin: Das reicht bereits als Beleg dafür, dass der r-Prozess stattgefunden hat.

Die Entdeckung hat jahrzehntelange theoretische Vorhersagen bestätigt. Endlich gibt es eine nachgewiesene Verbindung zwischen Gammablitzen und der Verschmelzung von Neutronensternen. Dank der spektralen Signaturen ist klar, dass Neutronensternkollisionen zu den Vorgängen gehören, die das Universum über den r-Prozess mit schweren Elementen anreichern.

Aber es gibt noch eine Menge zu analysieren und zu entdecken. Der Mechanismus für die Erzeugung der Gammablitze ist bisher nicht entschlüsselt. Ebenso wenig ist die Rolle der Neutrinos klar. Sie treten in enormer Menge auf und verändern die Eigenschaften der ausgestoßenen Materie, doch ein besseres Verständnis der Wechselwirkungen dieser Elementarteilchen mittels theoretischer Modelle und Computersimulationen erfordert einen immensen Rechenaufwand. Außerdem ist offen, was für ein Objekt hervorgegangen ist. Es könnte sich um einen weiteren Neutronenstern handeln, ein instabiles Objekt auf dem Weg zu einem Schwarzen Loch, oder alles ist direkt zu einem Schwarzen Loch geworden.

Zudem läuft der r-Prozess nicht bloß bei Verschmelzungen zweier Neutronensterne ab, sondern auch an anderen Orten im Weltraum. Weitere Möglichkeiten sind beispielsweise seltene Sternexplosionen und Kollisionen von Neutronensternen mit Schwarzen Löchern. Der Ursprung schwerer Elemente lässt sich nicht anhand einer einzigen Beobachtung aufdecken, so außergewöhnlich sie sein mag. GW170817 ist erst der Anfang.

Ohnehin werden nicht alle Kilonovae so aussehen wie die mit GW170817 verbundene. Vermutlich kommen sie in vielerlei Gestalt, und wir müssen auf Überraschungen gefasst sein. Tatsächlich gab es eine solche bei einer im Dezember 2022 veröffentlichten Analyse: Ein Team um die Doktorandin Jillian Rastinejad von der Northwestern University in Evanston hat einen knapp eine Minute langen Ausbruch von Gammastrahlung mit einer Kilonova in Verbindung gebracht. Normalerweise dürfte ein Gammablitz nach einer Verschmelzung kaum zwei Sekunden andauern. Deswegen vermutete Rastinejad als Ursache zunächst den Kollaps eines massereichen Sterns. Doch

T. DIETRICH (UNIVERSITÄT POTSDAM UND MAX-PLANCK-INSTITUT FÜR GRAVITATIONSPHYSIK), N. FISCHER, S. OSSOKINE, H. PFEIFFER (MAX-PLANCK-INSTITUT FÜR GRAVITATIONSPHYSIK), S.V.CHAURASIA (UNIVERSITÄT STOCKHOLM), T. VU (HTTPS://WWW.AEI.MPG.DE/733149/NSBH-COALESCENCE)

UNGLEICHES DUELL In einer Simulation wird ein Neutronenstern von den Gezeitenkräften nahe einem Schwarzen Loch zerrissen.

zen Loch eingefangen wird. Konkret sollten ineinanderstürzende Paare von Neutronensternen das etwa 2- bis 100-Fache an schweren Elementen produziert haben.

Nach der ungleichen Zusammenkunft bildet sich aus den Überresten eine Akkretionsscheibe um das Schwarze Loch. In diesem Mahlstrom können weiterhin schwere Elemente entstehen und einen beträchtlichen Anteil an der Gesamtproduktion ausmachen. Das hat die Autorin dieses Artikels Sanjana Curtis mit ihrem Team bei im Dezember 2022 publizierten Simulationen herausgefunden. In welchem Ausmaß der r-Prozess stattfindet und Atome in die Umgebung freisetzt, hängt stark von den Details des Vorgangs und den Eigenschaften der Partner ab. Deswegen, so Curtis, müsse man mit einer großen Spanne an beobachtbaren Phänomenen rechnen.

Um welche es sich dabei handeln könnte, hat die Arbeitsgruppe von Kenta Kiuchi von der Universität Kyoto und dem Max-Planck-Institut für Gravitationsphysik in Potsdam im Juli 2022 demonstriert. Ihre Simulation der ersten zwei Sekunden des Prozesses, die allein zwei Monate auf einem Rechnerverbund in Anspruch nahm, zeigte im Detail, wie aus der Akkretionsscheibe mit etwa einem Viertel der Sonnenmasse Material vom Schwarzen Loch abgezogen wurde. Es wurde in gebündelte Jets intensiver elektromagnetischer Strahlung umgesetzt – der Ursprung eines typischen kurzen Gammablitzes.

Mike Zeitz ist Physiker und Redakteur bei Spektrum der Wissenschaft.

QUELLEN

Chen, H.-Y. et al.: The relative contribution to heavy metals production from binary neutron star mergers and neutron star–black hole mergers. The Astrophysical Journal Letters 920, 2021

Curtis, S. et al.: Nucleosynthesis in outflows from black hole-neutron star merger disks with full GRvRMHD. ArXiv 2212.10691, 2022

Hayashi, K. et al.: General-relativistic neutrino-radiation magnetohydrodynamic simulation of seconds-long black hole-neutron star mergers. Physical Review D 106, 2022

bei Nachfolgebeobachtungen zeigte sich in den Teleskopdaten die charakteristische Blau-zu-Rot-Lichtkurve einer Kilonova. Völlig unerwarteterweise können fusionierende Neutronensterne offenbar auch lange Gammastrahlenausbrüche verursachen.

Für ein umfängliches Bild müssen verschiedene Disziplinen zusammenarbeiten: die Gravitationswellenastronomie, die beobachtende Astronomie mit der Untersuchung junger und alter Sterne sowie die Nuklear- und Teilchenphysik für Modelle der Atomkerne und der Materie im Inneren von Neutronensternen. Experimente an Beschleunigern ermitteln die Eigenschaften instabiler Kerne, und Computer simulieren die Ereignisse, was selbst auf Hochleistungsrechnern mitunter Monate dauert.

Die bestehenden Gravitationswellendetektoren werden immer empfindlicher. Unterdessen kommen neue Teleskope hinzu, mit denen sich der Himmel besser nach den flüchtigen Ereignissen absuchen und deren Licht einfangen lässt. Großanlagen wie die im Mai 2022 an der Michigan State University in East Lansing eröffnete Facility for Rare Isotope Beams spezialisieren sich darauf, die Eigenschaften seltener Isotope genau zu vermessen. Weitere Gravitationswellenobservatorien sind geplant, etwa das Einstein-Teleskop in Europa.

Heute profitieren wir von den jahrzehntelangen Fortschritten in etlichen Forschungsbereichen und besitzen das nötige Instrumentarium für einen klaren Blick auf den Ursprung schwerer Elemente. Das versetzt uns endlich in die Lage, alle Puzzleteile zusammenzufügen. Jedes Isotop eines jeden Elements im Periodensystem kann uns etwas über die nukleare Geschichte des Universums verraten. ◂

QUELLEN

Lattimer, J.M., Schramm, D.N.: Black-hole-neutron-star collisions. Astrophysical Journal 192, 1974

Metzger, B.D. et al.: Electromagnetic counterparts of compact object mergers powered by the radioactive decay of r-process nuclei. MNRAS 406, 2010

Rastinejad, J.C. et al.: A kilonova following a long-duration gamma-ray burst at 350 Mpc. Nature 612, 2022

Symbalisty, E., Schramm, D.N.: Neutron star collisions and the r process. Astrophysical Letters 22, 1982

Watson, D. et al.: Identification of strontium in the merger of two neutron stars. Nature 574, 2019

SEÑOR SALME / SCIENTIFIC AMERICAN MAI 2023

AUF EINEN BLICK

Geheimnisse des Gasgiganten

1 Frühere Abstecher zu Jupiters Monden haben verborgene Ozeane mit flüssigem Wasser offenbart. Zwischen Eiskruste und Gesteinskern dürften komplexe chemische Vorgänge ablaufen.

2 Neue Raumsonden sollen einige der Himmelskörper ausgiebig untersuchen und Aufschluss darüber liefern, ob hier grundsätzlich Leben existieren könnte.

3 Im Anschluss müssten spezialisierte Missionen direkte Nachweise etwaiger Organismen erbringen. Doch die technischen Herausforderungen dafür wären immens.

RAUMFAHRT

Sind Jupiters Monde lebensfreundlich?

Zwei Raumsonden reisen zu den Monden des größten Planeten des Sonnensystems. Ihre Mission: herauszufinden, ob unter der Eiskruste lebensfreundliche Bedingungen herrschen.

Jonathan O'Callaghan ist Journalist in London und berichtet über Raumfahrt, Weltraumforschung und Astrophysik.

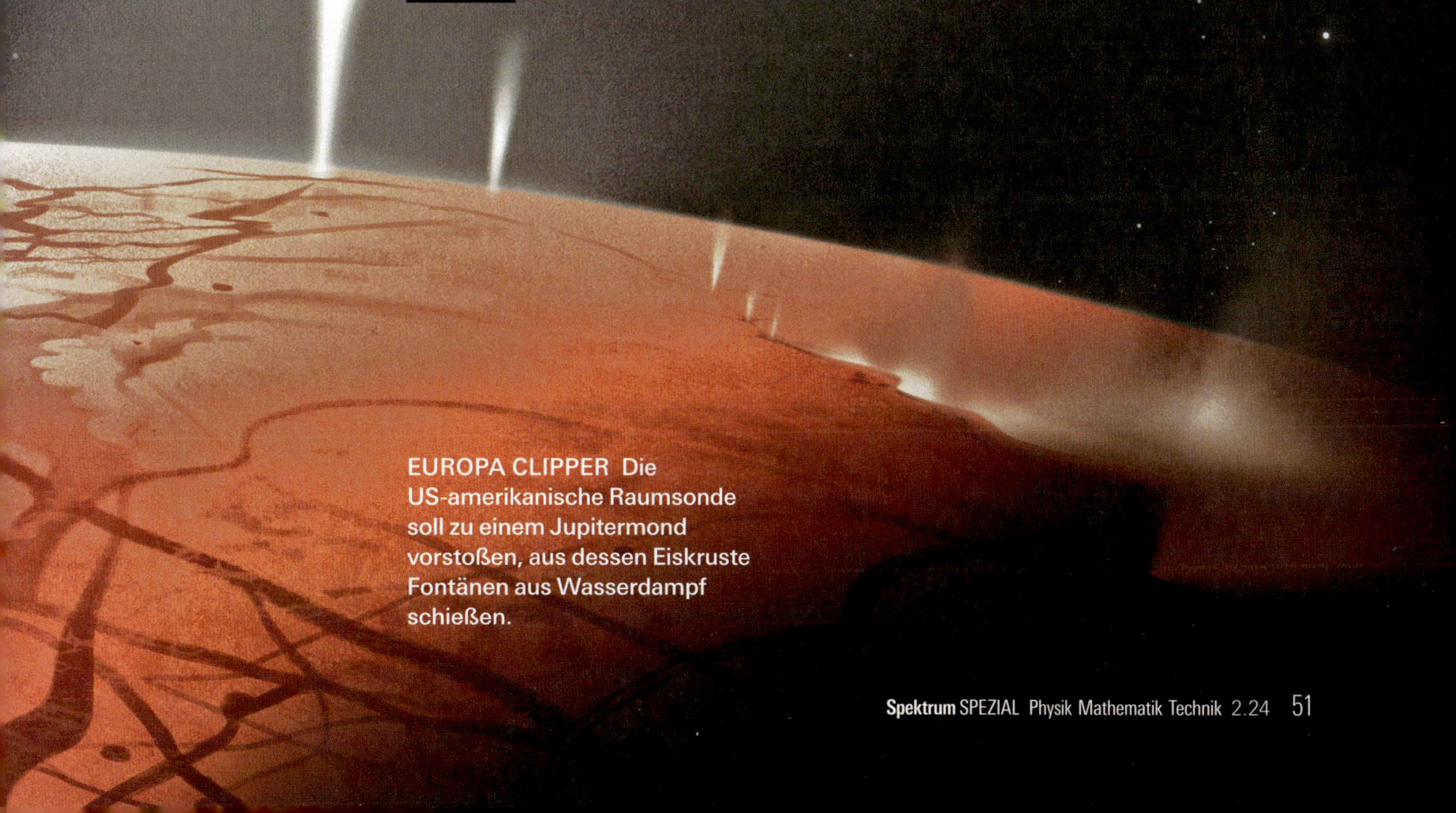

SEÑOR SALME / SCIENTIFIC AMERICAN MAI 2023

EUROPA CLIPPER Die US-amerikanische Raumsonde soll zu einem Jupitermond vorstoßen, aus dessen Eiskruste Fontänen aus Wasserdampf schießen.

Sollte es anderswo im Sonnensystem Leben geben, dann bieten die großen Eismonde Jupiters möglicherweise gute Bedingungen dafür. Alle wissenschaftlichen Erkenntnisse deuten darauf hin, dass sich in ihrem Inneren gewaltige Ozeane befinden. Einerseits werden die Monde durch die immense Gravitationswirkung des Riesenplaneten fortwährend durchgeknetet. Das hält sie warm. Andererseits schirmt eine dicke gefrorene Kruste sie vor Strahlung aus seinem Magnetfeld ab.

»Von der Erde wissen wir: Wo Wasser ist, gibt es sehr oft auch Leben«, erklärt der britische Astrobiologe Mark Fox-Powell von der Open University in Milton Keynes. »Heute gibt es im Sonnensystem flüssiges Wasser aber praktisch nur noch bei der Erde und den Monden von Jupiter und Saturn.« Saturn behält viele Geheimnisse vorerst für sich. Fürs Erste sind nun alle Augen auf Jupiter gerichtet.

Denn im April 2023 ist eine neue Mission zum größten Planeten unseres Sonnensystems gestartet, die seine Monde untersuchen und Erkenntnisse darüber liefern soll, wie es um ihre Lebensfreundlichkeit bestellt ist. Der Jupiter Icy Moons Explorer (JUICE) der Europäischen Weltraumorganisation ESA wird Jupiter voraussichtlich 2031 erreichen. Um Treibstoff zu sparen, nutzt JUICE zunächst die Schwerkraft von Erde und Venus für Swing-by-Manöver. Bei ihrer Ankunft am Gasplaneten wird die solarbetriebene Raumsonde ihre diversen wissenschaftlichen Instrumente auf drei der vier größten Jupitermonde richten. Europa, Ganymed und Kallisto sollen unterirdische Ozeane beherbergen. Dabei konzentriert sich die meiste Aufmerksamkeit auf Ganymed. Nach einer ersten Erkundung wird die Sonde 2034 in eine Umlaufbahn um diesen größten Mond des Sonnensystems eintreten. »Wir wollen feststellen, wie es um Ganymeds Bewohnbarkeit bestellt ist«, sagt JUICE-Teammitglied Emma Bunce von der University of Leicester.

Nicht nur die ESA hat Jupiter im Visier. Das Konzept, das JUICE vorangegangen ist, entstand 2008 im Rahmen der Europa Jupiter System Mission (EJSM), eines Gemeinschaftsprojekts mit der US-Raumfahrtbehörde NASA. Ursprünglich sollten die Europäer dabei eine Sonde konstruieren, die sich auf Ganymed fokussiert, während die NASA zum Mond Europa vorstoßen wollte. Finanzierungsprobleme in den USA zwangen die ESA jedoch

RIESE MIT BEGLEITERN
Neben Jupiter sind seine Monde Io und Europa klein zu erkennen.

SCHATTENWURF Auf dieser Aufnahme der Raumsonde Juno, deren Farben durch Nachbearbeitung verstärkt wurden, verdunkelt der Mond Ganymed einen Teil von Jupiters Wolkendecke.

Anfang der 2010er Jahre zu einem Alleingang. »Uns fehlte das Geld«, resümiert Louise Prockter vom Johns Hopkins University Applied Physics Laboratory, die den US-Antrag mitverantwortete. »Damit war der Besuch bei Europa abgesagt.« Das war enttäuschend, kam aber nicht völlig unerwartet.

2013 unterstützte der US-Kongress die NASA dann wieder bei ihren Bemühungen um eine Erforschung Europas. Der ursprünglich als Europa Multiple Flyby Mission bezeichnete US-amerikanische Teil des Projekts wurde zu Europa Clipper umgetauft, angelehnt an die Bezeichnung für schnelle Frachtsegler aus dem 19. Jahrhundert. Das belebte die internationale Zusammenarbeit wieder, allerdings »in viel kleinerem Umfang«, so Prockter. Die Forscherin hält dennoch etwa 70 Prozent der ursprünglichen gemeinsamen Pläne weiterhin für umsetzbar.

Das Mini-Sonnensystem nebenan

Mit beiden Missionen wird sich unser Wissen über Jupiter und seine Monde erheblich erweitern. Die Raumsonden sollen Aufschluss darüber geben, ob in den verborgenen Ozeanen grundsätzlich Leben existieren könnte. Das dürfte den Grundstein für spätere Missionen legen, die direkte Nachweise erbringen und dabei womöglich sogar in die Ozeane selbst vordringen könnten. Zwar können wir noch nicht zu fremden Welten um andere Sterne reisen, aber ein Abstecher zu Jupiters Monden kommt dem schon ziemlich nahe.

Schließlich gilt das Jupitersystem wegen seiner Komplexität und Vielfalt oft als eine Art Miniaturversion des Sonnensystems. Die vier größten Monde heißen auch »galileisch«, benannt nach ihrem Entdecker, dem italienischen Astronomen Galileo Galilei. 1610 erschütterten dessen Beobachtungen das damals geozentrische Weltbild, da die Monde anders als alle bis dahin bekannten Objekte weder die Sonne noch die Erde umkreisten. Heute kennt man mehr als 90 Trabanten von Jupiter.

Als erster menschengemachter Flugkörper drang die NASA-Raumsonde Pioneer 10 in Jupiters Reich vor. Sie passierte den Gasriesen im Dezember 1973 und lieferte Nahaufnahmen. Die ebenfalls vorbeischießenden Sonden der Voyager-Mission erbrachten 1979 dann Bilder vom Mond Europa mit einer überraschend glatten, kraterfreien Oberfläche (siehe »Spektrum« November 2022, S. 12). Offenbar erneuern Umformungsprozesse die Kruste ständig. Das führte bereits damals zu der Hypothese, unter dem Eis existiere ein unsichtbares Reservoir aus flüssigem Wasser.

Im Dezember 1995 blieb im Rahmen der NASA-Mission Galileo endlich ein irdischer Späher länger bei Jupiter, umkreiste ihn und machte dabei zahlreiche Entdeckungen. Die Daten wiesen etwa auf Unregelmäßigkeiten von Jupiters Magnetfeld hin, die zu Störungen durch einen flüssigen Ozean unter der Oberfläche von Europa passen würden. Ein noch eindeutigerer Beleg für die These kam 2013 mit Aufnahmen des Weltraumteleskops Hubble, die austretende Wasserfontänen zeigten. Solche Phänomene waren etwa schon vom Saturnmond Enceladus bekannt. Die Galileo-Mission dauerte bis 2003 und war laut ESA-Wissenschaftler Olivier Witasse insge-

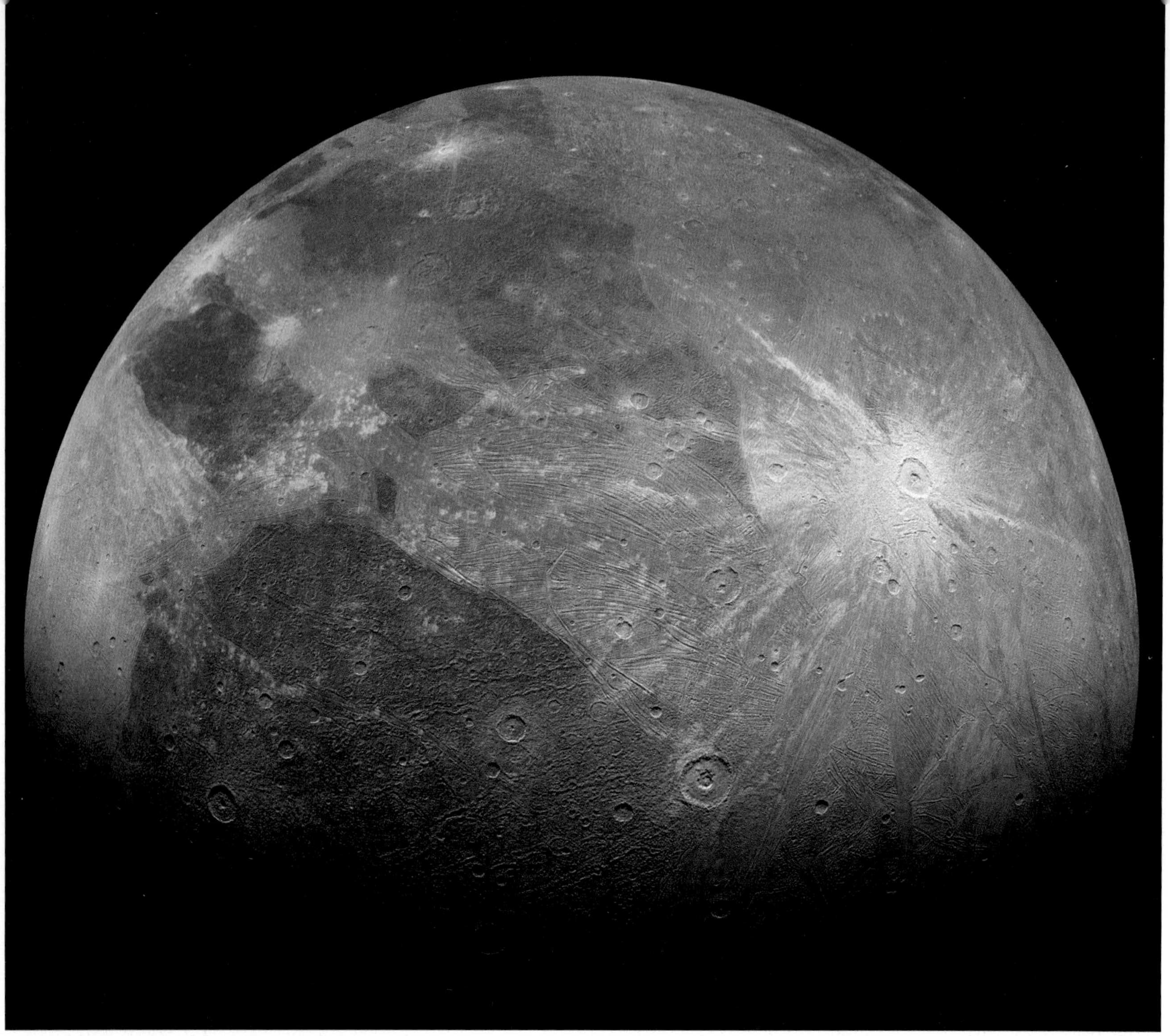

GANYMED 2021 stattete die NASA-Sonde Juno dem größten Mond des Sonnensystems einen Besuch ab und fotografierte Einschlagkrater und Verwerfungen auf seiner Oberfläche.

samt fantastisch. Für die JUICE-Mission, an der er beteiligt ist, wünscht er sich, dass sie in Galileos Fußstapfen treten wird.

Vorerst umkreiste dann keine andere Sonde mehr Jupiter – bis zur Ankunft der NASA-Raumsonde Juno 2016. Juno ist noch immer in Betrieb, konzentriert sich aber auf den Planeten selbst und sein Inneres, seine heftigen Stürme und das starke Magnetfeld. Juno hat zwar ebenfalls Bilder von Jupiters Monden aufgenommen, doch es bedarf spezialisierter Missionen, um deren Geheimnisse zu entschlüsseln. Hier kommen JUICE und Clipper ins Spiel.

Clipper soll im Herbst 2024 an Bord der SpaceX-Rakete Falcon Heavy starten. Trotz des im Vergleich zu JUICE späteren Termins ermöglicht es die leistungsstärkere Trägerrakete, Jupiter bereits ein Jahr vorher zu erreichen, nämlich 2030. Clipper wird nicht in einen Orbit um Europa einschwenken, da sich der Mond gefährlich tief in Jupiters Strahlungsgürtel voller energiereicher Teilchen befindet. Stattdessen wird Clipper etwa 50 Vorbeiflüge durchführen, das Innere des Monds kartieren und die Ausdehnung des verborgenen Ozeans bestimmen. »Ein Orbiter um Europa würde wegen der Strahlung nur ein bis drei Monate durchhalten«, erläutert Missionswissenschaftler Curt Niebur von der NASA. »Wir haben erkannt, dass es sinnvoller ist, stattdessen während eines kurzen Vorbeiflugs Daten zu sammeln und sich dann schnell wieder in Regionen mit geringerer Belastung zurückzuziehen. Auf die Weise können die Geräte Jahre überstehen statt bloß Monate.«

Im Lauf ihrer sich überschneidenden Missionen werden JUICE und Clipper einen eng aufeinander abgestimmten Tango vollführen. Während sie zwischen Jupiters Sehenswürdigkeiten hin- und herziehen, ergeben sich zahlreiche Gelegenheiten zur Zusammenarbeit. »Es wird großartig sein, zwei Raumsonden im selben System zu haben«, hofft Witasse. Etwa 20 Teammitglieder beider Missionen treffen sich wöchentlich im Rahmen eines gemeinsamen Lenkungsausschusses und entwickeln Ideen für choreografierte Untersuchungen. »Wir erörtern die wissenschaftlichen Möglichkeiten und arbeiten Pläne aus«, erklärt Emma Bunce, die gemeinsam mit Louise Prockter dem Ausschuss vorsitzt. Zwar seien »einige Details ein wenig anders« als bei der ursprünglichen EJSM-Zusammenarbeit, dennoch bleibe die eigentliche Vision erhalten: »Der ursprüngliche Plan war eine Mission zu Ganymed und eine weitere, die sich auf Europa konzentriert. Genau das bekommen wir.«

Gemeinsam zu Europas Geheimnissen

Beispielsweise könnte jede Raumsonde als Kundschafterin für die andere fungieren. Während etwa JUICE Europa aus der Ferne beobachtet, würde Clipper die Daten für die Vorbereitung eines nahen Vorbeiflugs nutzen. So eine Partnerschaft wäre besonders wertvoll, falls währenddessen tatsächlich Wasserfontänen aus Rissen im Eis sprühten. Das könnte laut Mark Fox-Powell einen Blick auf nur wenige Minuten alte ozeanische Auswürfe gewähren – »eine Chance, unveränderte Stoffe zu untersuchen«. Mit Glück könnte Clipper direkt hindurchfliegen und die Fontänen beproben. Komplexe Moleküle wären erste Hinweise auf mögliches Leben in Europas Ozean.

JUICE wird auf dem Weg zu Ganymed zweimal selbst an Europa vorbeifliegen. Eine Ankunft im Juli 2032 soll nur um vier Stunden gegenüber einer Clipper-Passage versetzt sein. »Wir können zur selben Zeit ähnliche Messungen durchführen«, erwartet Witasse. Genaue Details stehen allerdings noch nicht fest. »Wir sind dann zwar nicht am gleichen Ort, aber es wird trotzdem sehr interessant«, fügt er hinzu. »Wir würden vergleichbare Strukturen an der Oberfläche fotografieren oder im Fall einer Fontäne diese aus mehreren Perspektiven sehen.«

Das gemeinsame Interesse an Europa beruht zum Teil auf der Vermutung, dass sein flüssiger Ozean in direktem Kontakt mit einem festen Gesteinskern steht. Dort könnte es hydrothermale Schlote geben. Aus solchen Öffnungen im Meeresboden kann Wärme aus der Tiefe entweichen und ausreichend Energie und Nährstoffe für Organismen liefern. »Auf der Erde gibt es bei hydrothermalen Quellen ganze Lebensgemeinschaften«, erklärt Fox-Powell. »Wir haben guten Grund zu der Annahme, dass auf Europa ähnliche Arten von chemischen Reaktionen ablaufen.« Bei Ganymed hingegen könnten sich wegen seiner enormen Masse bestimmte Eismodifikationen mit hoher Dichte am

KREUZ UND QUER Die insgesamt außerordentlich glatte und helle gefrorene Oberfläche des Eismonds Europa wird von rötlichen Gräben und Furchen durchzogen.

NASA/JPL-CALTECH/SETI INSTITUTE (HTTPS://PHOTOJOURNAL.JPL.NASA.GOV/CATALOG/PIA19048)

Boden des Ozeans befinden. So eine Schicht verstopft eventuell etwaige Öffnungen. »Das würde den felsigen Kern abdichten«, sagt Fox-Powell. »Europa kann mit seiner geringeren Größe nicht genügend Schwerkraft für derartiges Hochdruckeis aufbauen.«

Trotzdem könnte Ganymed ebenfalls lebensfreundlich sein. 2034 wird JUICE nach dem Eintritt in eine Umlaufbahn die gesamte Oberfläche kartieren, das Magnetfeld des Monds untersuchen und die inneren Schichten vermessen. Die vier Grundvoraussetzungen für eine lebensfreundliche Umgebung sind laut Michele Dougherty vom Imperial College London »eine Wärmequelle, flüssiges Wasser, organisches Material und stabile Verhältnisse«. Drei der Kriterien sind der Wissenschaftlerin zufolge bei Enceladus erfüllt. Ebenso bei Europa. »Und bei Ganymed versuchen wir noch, es herauszufinden.«

JUICE beginnt seine Untersuchungen in einer Umlaufbahn 5000 Kilometer über Ganymed und wird im Verlauf

von neun Monaten seine Höhe auf nur 200 Kilometer über der Oberfläche verringern. Am Ende der Mission im Jahr 2035 soll die Raumsonde gezielt auf den Mond stürzen und so das Risiko einer Kontaminierung Europas minimieren. Dieses Vorgehen basiert auf den Annahmen, dass es auf Ganymed keine Wasserfontänen gibt und die Eiskruste dick genug ist, um den Aufprall zu überstehen. Sollte es anders sein und die Gefahr einer Verunreinigung des flüssigen Ozeans mit irdischem Material bestehen, müsste das Missionsende umgeplant werden. »Wenn irgendetwas auf eine Verbindung zwischen dem Ozean und der Oberfläche hinweist, passen wir vielleicht die Umlaufbahn an«, so JUICE-Projektleiter Giuseppe Sarri von der ESA.

Langer Atem und frühzeitige Planung

In ähnlichem Umfang wie bei JUICE und Ganymed wird Clipper das Wissen über Europa und dessen Ozean erweitern. Belege für etwaiges Leben dürfen wir jedoch noch nicht erwarten, bestenfalls die Identifizierung entsprechender chemischer Bausteine in ausgestoßenen Wasserfahnen. Die gezielte Suche nach Organismen wäre dann das Ziel einer späteren Mission, etwa des von der NASA angestrebten »Europa Lander«. Ein entsprechendes Konzept wurde bereits ausgearbeitet, eine Umsetzung aber noch nicht finanziert. Unter den verschiedenen interplanetaren Forschungsvorhaben der USA wird die Europa-Lander-Mission von den US-Wissenschaftsakademien als weniger wichtig eingestuft. So ruhen die geleisteten Vorarbeiten und harren der Wiederaufnahme. »Ich bin zuversichtlich, dass die mit Europa Clipper gewonnenen Erkenntnisse uns zu den Plänen zurückkehren lassen. Eine Landesonde wirkt wie der logische nächste Schritt«, meint Curt Niebur. »Doch eventuell wird uns Clipper auch einen Strich durch die Rechnung machen, und ein Lander entpuppt sich als der falsche Weg. Unter Umständen ist es lohnenswerter, durch die Fontänen zu kreuzen.«

Will man tatsächlich in diesen fremdartigen Ozean vordringen, wird das Durchbrechen des kilometerdicken Eisschilds eine große Herausforderung sein. Eine Möglichkeit dazu böte eine heiße Sonde am Lander, die sich allmählich ihren Weg durch die gefrorene Kruste bahnt. Die Raumfahrtingenieurin Paula do Vale Pereira vom Florida Institute of Technology hat mit einem Experiment versucht herauszufinden, wie lange das dauern könnte. Dazu verwendete sie eine zwei Meter hohe Säule aus Eis, die im Vakuum auf unter minus 180 Grad Celsius gekühlt wurde. Das sollte die Oberfläche von Europa simulieren. Ihre Ergebnisse, die sie im Januar 2023 auf einer Tagung der American Astronomical Society in Seattle vorstellte, waren ernüchternd: Das Vorhaben könnte zwischen 3 und 13 Jahre benötigen.

Es gibt aber auch noch größere Herausforderungen als die Wartezeit. »Ein riesiges Problem, das in der nächsten Zeit gelöst werden muss, ist die Frage, wie Kabel zwischen dem Lander und der Sonde Strom und Daten übertragen können«, erläutert do Vale Pereira. Die Landeeinheit müsste mehrere Kilometer lange Drähte mit sich führen, die keinen Schaden nehmen dürfen, selbst wenn das Wasser während des Abstiegs der Sonde wieder gefriert. Das allein ist eine Mammutaufgabe, deren Bewältigung allerdings einen enormen wissenschaftlichen Ertrag verspricht – geht es doch immerhin darum, in einen außerirdischen Ozean vorzustoßen.

Noch auf Jahre hinaus werden das Träume bleiben. Vor deren Erfüllung stehen die Reise zum Jupiter und die Bestätigung, dass seine eisigen Monde wirklich so viel versprechende Ziele sind wie gedacht. Mit JUICE und Clipper werden sich einige der spannendsten offenen Fragen beantworten lassen. Die Galileo-Sonde habe gezeigt, so Niebur, wie lohnenswert eine erneute Reise in das Jupitersystem sei. Jetzt entsendet die Menschheit nicht nur eine, sondern gleich zwei Raumsonden. Die transatlantische Partnerschaft wird die Suche nach lebensfreundlichen Orten im Sonnensystem erheblich voranbringen. In unserer solaren Nachbarschaft gibt es zwar keine zweite Erde, aber möglicherweise boten Europa oder sogar Ganymed ebenfalls Gelegenheiten für die Entwicklung von Leben. Und wenn es dort existiert – wer weiß, wo im All es sonst noch entstanden ist? ◂

QUELLE

Do Vale Pereira, P. et al.: Experimental validation of cryobot thermal models for the exploration of ocean worlds. The Planetary Science Journal 4, 2023

Fremdartige Ozeane

Sechs Monde von Planeten des äußeren Sonnensystems könnten große Mengen flüssigen Wassers beherbergen. Wir stellen die Himmelskörper in Grafiken vor.

Rebecca Boyle ist Journalistin in Colorado und Autorin eines Buchs über die Bedeutung des Erdmonds für unseren Planeten. Die Grafiken stammen von Juan Velasco, der sich auf Datenvisualisierung spezialisiert hat.

2005 durchstieß die Raumsonde Cassini auf ihrem Weg durch das Saturnsystem etwas, mit dem niemand gerechnet hatte: Wasserdampf. Er sprühte mit rund 1300 Kilometern pro Stunde aus Rissen in der Kruste des von Eis bedeckten Monds Enceladus. Die Entdeckung beflügelte dazu, Missionen zu den Monden im äußeren Sonnensystem zu planen. Mindestens sechs von diesen – drei davon bei Jupiter, zwei bei Saturn und einer in Neptuns Orbit – könnten nach heutigem Wissen Ozeane mit flüssigem Wasser beherbergen, irgendwo in Schichten zwischen dem warmen Kern und der eisigen Kruste der Himmelskörper.

Auf der Erde ist Wasser die Grundvoraussetzung für, so heißt es oft, »Leben, wie wir es kennen«. Einmal abgesehen von unserem Nachbarplaneten Mars, dessen Dünen die Menschheit seit einem halben Jahrhundert erkundet, zählen die vereisten Monde der äußeren Planeten zu den vielversprechendsten Kandidaten auf der Suche nach Spuren von vergangenem oder gegenwärtigem nicht irdischem Leben im Sonnensystem.

Die europäische Raumsonde JUICE ist im April 2023 zum Gasriesen Jupiter und zu dessen Eismonden Europa, Kallisto und Ganymed aufgebrochen. 2024 wird die US-amerikanische Sonde Europa Clipper folgen. Gemeinsam dürften sie unser Wissen über das äußere Sonnensystem drastisch erweitern. Vielleicht verrücken sie unsere kosmische Perspektive sogar auf ähnlich revolutionäre Weise wie die Entdeckung dieser Monde im 17. Jahrhundert das geozentrische Weltbild stürzen ließ.

»Im äußeren Sonnensystem tummeln sich vermutlich etliche Monde mit möglichen Ozeanen aus flüssigem Wasser, an deren Grund es teilweise Wechselwirkungen mit thermalen Quellen oder dem Gestein geben könnte«, erläutert der Geophysiker Chris German von der Woods Hole Oceanographic Institution im US-Staat Massachusetts. Er gehört zum vierköpfigen Leitungsteam eines Astrobiologie-Forschungsnetzwerks der NASA namens Network for Ocean Worlds. »Überall dort, wo solche Bedingungen auf der Erde vorkommen, lassen sich Mikroben nieder.«

Und so könnte es Leben im halb gefrorenen Schneematsch auf Europa und Enceladus geben, in Ganymeds tiefen Salzwasserschichten, unter den Methan- und Ethanflüssen auf Titan und eventuell sogar in der konzentrierten Sole in den tiefsten Kratern der Zwergplaneten Ceres und Pluto. Auf der Erde wimmeln Mikroorganismen selbst unter dem kilometerdicken grönländischen Eisschild. Chemische Reaktionen oder geologische Vorgänge liefern die Energie für die biologischen Prozesse. Dasselbe Prinzip findet sich bei hydrothermalen Schloten in der Tiefsee. NASA-Astrobiologe Steve Vance meint: »Egal, welches Szenario man für die Entstehung von Leben auf der Erde bevorzugt, es hätte ebenso gut auf Europa ablaufen können.« So dürften dann auch die gleichen Techniken, mit denen sich irdische extremophile Organismen untersuchen lassen, Einblicke in etwaiges Leben auf fernen Himmelskörpern gewähren.

Neben dem genannten Woods Hole sind in das Network for Ocean Worlds Fachleute aus dem Southwest Research Institute im texanischen San Antonio, aus dem Desert Research Institute aus Reno in Nevada und der kalifornischen Stanford University eingebunden. Im August 2023 kamen alle in Kalifornien zu einem Austausch zusammen. Expertise aus verschiedenen Bereichen wird sich unter dem gemeinsamen Ziel vereinen: der Suche nach Leben. Beispielsweise stellte sich die Mikrobiologin Alison Murray vom Desert Research Institute zum ersten Mal die Frage nach Organismen auf fernen Monden, als sie den Salzsee Lake Vida in der Antarktis untersuchte. Sie betont, nur auf Basis von Erfahrungen mit irdischen Gewässern ließen sich potenzielle Nischen anderswo im Sonnensystem verstehen. »Wir stoßen in Regionen vor, von denen wir glauben, dort könnte Leben vorkommen«, sagt sie. »Aber hat es sich dort entwickelt? Ist es dorthin vorgedrungen?« Will man den Weg des Lebens nachvollziehen, muss man ihm hinterhertauchen.

Jupitermond

starke Hinweise: flüssiger Salzwasser-Ozean unter der Kruste

Europa

Daten, die um die Jahrtausendwende von der Raumsonde Galileo gemessen wurden, zeigten Wechselwirkungen von Jupiters Magnetfeld mit dem Mond, die sich durch flüssiges Salzwasser erklären lassen. Außerdem schießen Fontänen 160 Kilometer hoch ins All, wahrscheinlich aus Rissen in der Kruste. Diese ist insgesamt relativ glatt. Offenbar wird sie von inneren Prozessen regelmäßig umgestaltet.

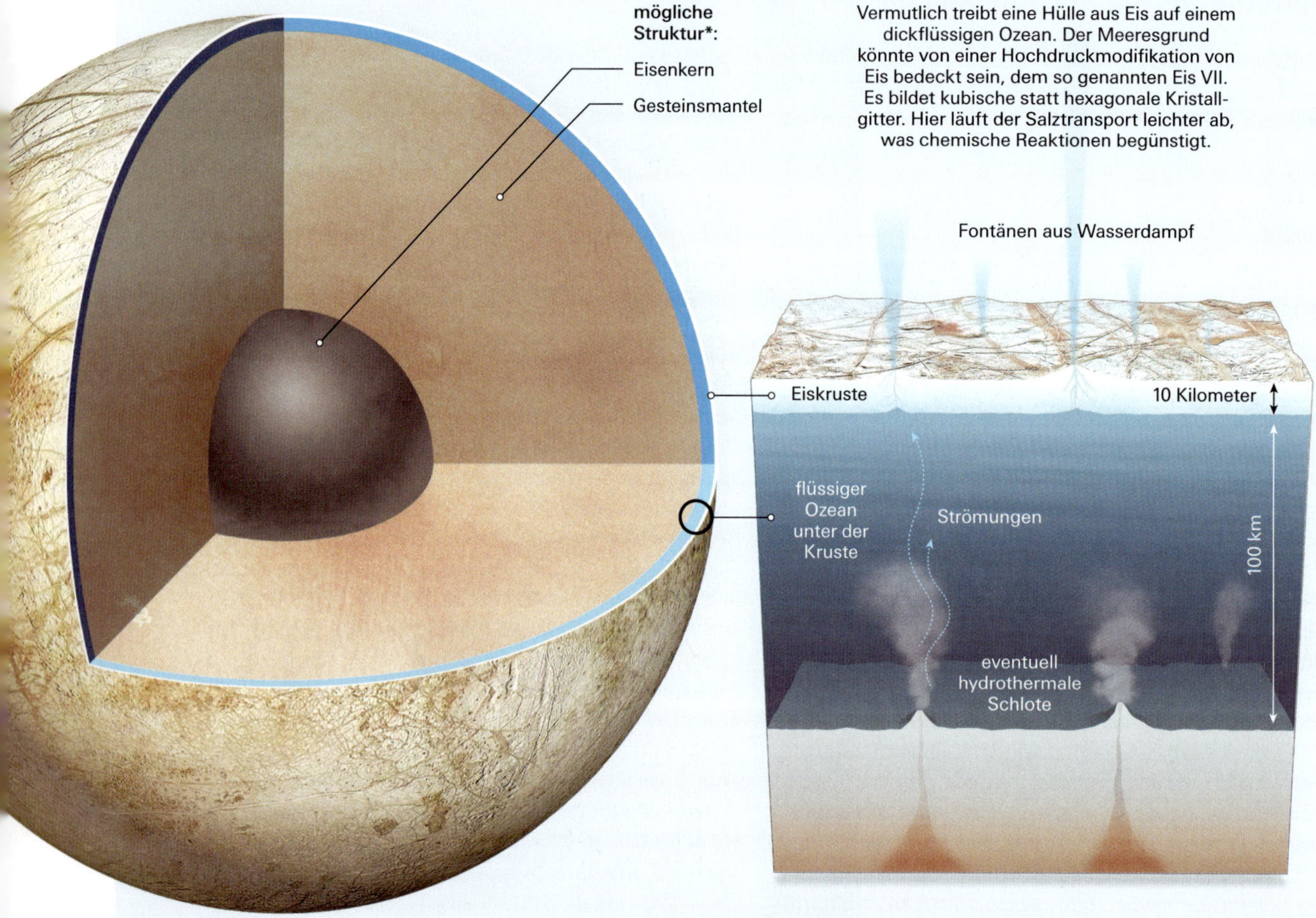

Weiterhin offene Fragen

Bilder des Weltraumteleskops Hubble lieferten Hinweise auf Wasserfontänen. Die Raumsonde Europa Clipper kann mit ihrem Radar unter die Eiskruste blicken, mit einem Spektrometer Hinweise beispielsweise auf organische Moleküle und Ammoniak sammeln oder sogar Solebecken und Hochdruck-Eistypen am Meeresboden identifizieren.

Ozeanvolumen (in Milliarden km^3):	Erde	Europa
	1,8	2,6

entdeckt **1610** von **Galileo Galilei**

Durchmesser: **3130 km**
Oberflächentemperatur: **–170 °C**

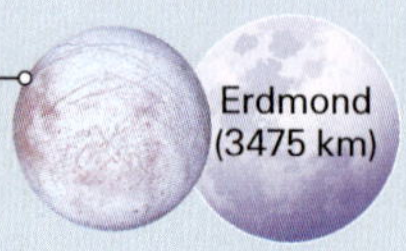

untersucht in den **1970er Jahren:** Vorbeiflüge von **Pioneer 10, Pioneer 11, Voyager 1, Voyager 2 / 1996: Galileo**

Missionen: seit **April 2023: JUICE** Start **2024: Europa Clipper**

*Schichtdicke nicht maßstabsgetreu

5W INFOGRAPHICS; EUROPA: NASA VISUALIZATION TECHNOLOGY APPLICATIONS AND DEVELOPMENT (VTAD); EUROPA-OBERFLÄCHE: NASA/JPL-CALTECH/SETI INSTITUTE / SCIENTIFIC AMERICAN FEBRUAR 2023; BEARBEITUNG: SPEKTRUM DER WISSENSCHAFT

starke Hinweise: flüssiger Salzwasser-Ozean unter der Kruste

Jupitermond

Ganymed

Innerhalb des größten Monds des Sonnensystems schichten sich womöglich mehrere Lagen aus Gestein, Wasser und exotischen Hochdruckmodifikationen von Eis. Auf der Erde erlauben Wechselwirkungen zwischen Wasser und Gestein eine große Vielfalt von Mikroorganismen. Als einziger bekannter Mond besitzt Ganymed ein eigenes Magnetfeld. Es verursacht Polarlichter, deren Bewegung von Fluktuationen von Jupiters Magnetfeld abhängt und die Rückschlüsse auf einen Ozean im Inneren zulassen.

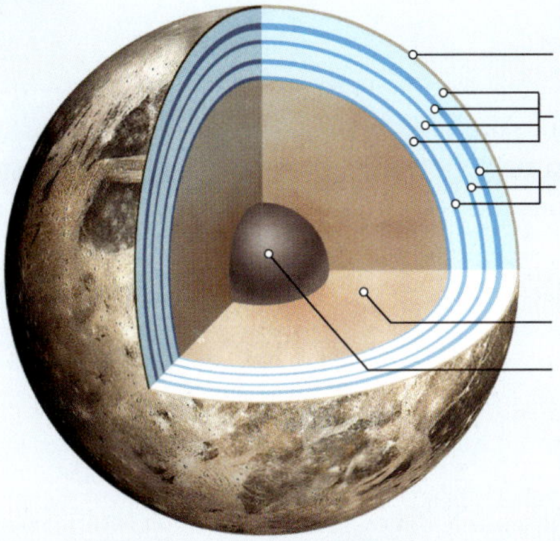

Ozeanvolumen (in Milliarden km³): 1,8 Erde, 37,8 Ganymed

Weiterhin offene Fragen

Ganymed ist Hauptziel der JUICE-Mission. Die Raumsonde soll klären, woher der Mond sein Magnetfeld erhält, und die Dynamik der Polarlichter untersuchen.

entdeckt **1610** von **Galileo Galilei**

Durchmesser: **5262 km**
Oberflächentemperatur: **–200 bis –120 °C**

untersucht in den 1970er Jahren: Vorbeiflüge von **Pioneer 10, Pioneer 11, Voyager 1,** Voyager 2 / **1996: Galileo / 2000: Cassini / 2021: Juno**

Missionen: seit **April 2023: JUICE**

potenziell: flüssiger Ozean unter der Kruste

Jupitermond

Kallisto

Unter Jupiters Monden hat dieser die geringste Dichte. Kallisto umkreist den Planeten in 1,8 Millionen Kilometer Entfernung und damit weit weg von Jupiters intensiven Strahlungsgürteln. Hier erfährt der Mond auch deutlich weniger Gezeitenkräfte. Seine geologische Aktivität endete wohl bereits kurz nach seiner Entstehung. Die mit Kratern übersäte Oberfläche konserviert somit Zeugnisse aus dem frühen Sonnensystem.

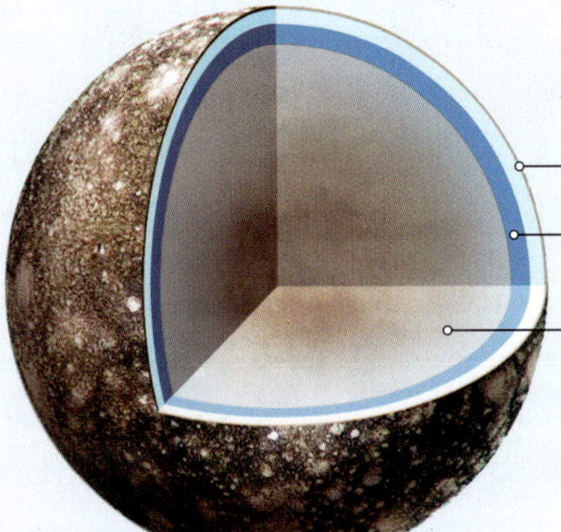

Ozeanvolumen (in Milliarden km³): 1,8 Erde, 4,8 Kallisto

Weiterhin offene Fragen

Es ist umstritten, ob Kallisto überhaupt einen Ozean aus Salzwasser verbirgt und wie tief dieser wäre. Für eine eindeutige Antwort soll JUICE die Form des Monds und dessen Schwerefeld vermessen.

entdeckt **1610** von **Galileo Galilei**

Durchmesser: **4820 km**
Oberflächentemperatur: **–140 °C**

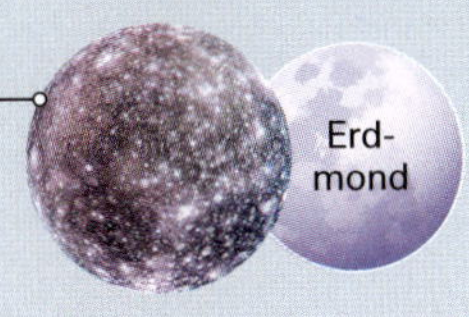

untersucht in den 1970er Jahren: Vorbeiflüge von **Pioneer 10, Pioneer 11, Voyager 1, Voyager 2 / 1996: Galileo**

Missionen: seit **April 2023: JUICE**

*Schichtdicke nicht maßstabsgetreu

5W INFOGRAPHICS; GANYMED: NASA VISUALIZATION TECHNOLOGY APPLICATIONS AND DEVELOPMENT (VTAD); KALLISTO: NASA/JPL/DLR / SCIENTIFIC AMERICAN FEBRUAR 2023; BEARBEITUNG: SPEKTRUM DER WISSENSCHAFT

Enceladus

Saturnmond

Dank seiner Kruste aus frischem Eis ist der kleine Mond einer der am stärksten reflektierenden Himmelskörper. Der Nachschub an Kristallen stammt aus Fontänen, die ständig aus der Oberfläche schießen. Deren glatte Struktur deutet wie bei Europa auf geologische Aktivität hin. Die Fontänen speisen den E-Ring des Saturns und könnten molekulare Spuren etwaigen Lebens enthalten. Im Ozean dürften reichlich Phosphate vorkommen, die zumindest für irdische Organismen wichtig sind.

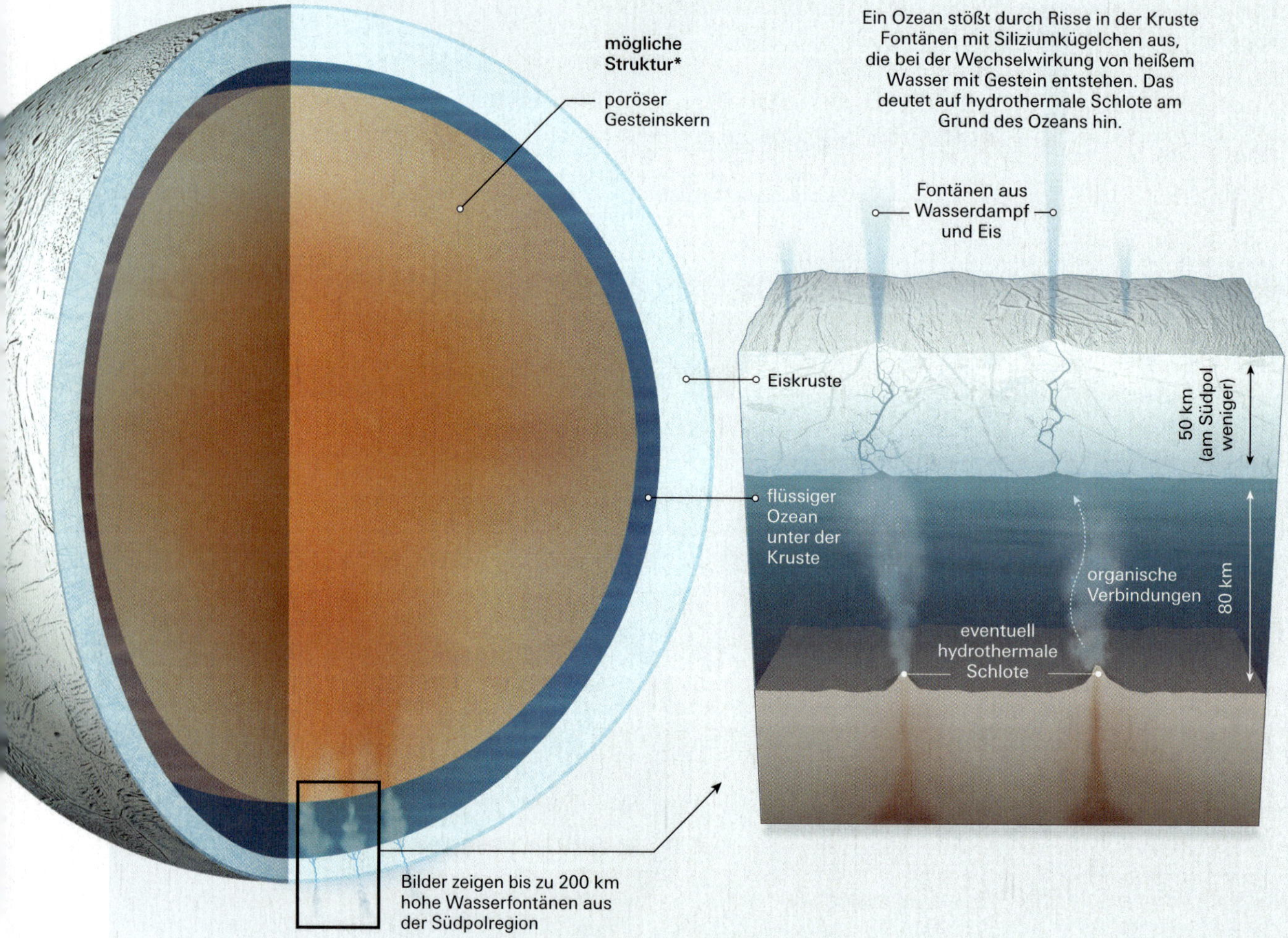

Ozeanvolumen (in Milliarden km^3): 1,8 Erde; 0,01 Enceladus

Weiterhin offene Fragen

Die genaue Größe des Ozeans ist unbekannt, aber seine Zusammensetzung lässt sich immerhin sehr gut anhand des Materials in den Fontänen sowie im E-Ring untersuchen.

entdeckt **1789** von **William Herschel**

Durchmesser: **504 km**
Oberflächentemperatur: **–200 °C**

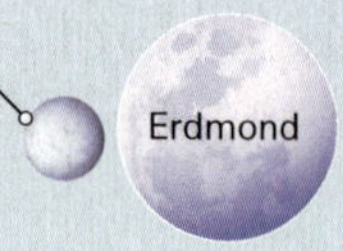

untersucht **1980/1981:** Vorbeiflüge von **Voyager 1/2 / 2005: Cassini**

geplante Missionen: Das von der NASA vorgeschlagene Konzept **Enceladus Orbilander** sieht vor, den Mond zu umrunden und eine Sonde abzusetzen

*Schichtdicke nicht maßstabsgetreu

starke Hinweise: flüssiger Ozean unter der Kruste

Saturnmond

Titan

Die europäische Landesonde Huygens fand vielfältige Landschaftsformationen vor, die äußerlich jenen auf der Erde ähneln – aber aus Eis bestehen. Titans dichte Atmosphäre enthält hauptsächlich Stickstoff, jedoch keinen Sauerstoff wie die irdische. Große Mengen von Methan und Ethan, die ähnlich zirkulieren wie Wasser auf der Erde, hüllen den Mond in einen orangenen Dunst.

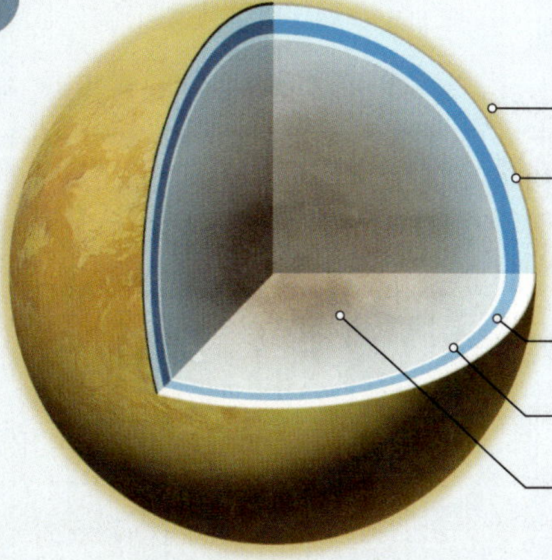

Ozeanvolumen (in Milliarden km³): Erde 1,8 – Titan 17,0

Weiterhin offene Fragen

Sonnenlicht spaltet mit der Zeit Methanmoleküle. Warum gibt es hier dennoch so viel davon? Eine Hypothese: Kryovulkane speien fortlaufend Wasser und Kohlenwasserstoffe an die Oberfläche.

entdeckt **1655** von **Christiaan Huygens**

Durchmesser: **5152 km**
Oberflächentemperatur: **–180 °C**

untersucht **1980/1981:** Vorbeiflüge von **Voyager 1/2** / **2005: Cassini-Huygens** (Vorbeiflüge der **Cassini-**, Landung der **Huygens-Sonde**)

geplante Missionen: Start **2027: NASA-Sonde Dragonfly** (Ankunft 2034)

hypothetisch: flüssiger Ozean unter der Kruste

Neptunmond

Triton

Der größte Mond Neptuns umkreist seinen Planeten retrograd, das heißt entgegen dessen Rotationsrichtung. Er stammt wahrscheinlich wie Pluto aus dem weiter außen gelegenen Kuipergürtel und wurde von Neptuns Schwerkraft eingefangen. Dabei dürfte die drastische Veränderung seiner Bahn ihn stark aufgeheizt und eventuell sogar einen Ozean unter der Kruste angeschmolzen haben. Trotz der Entfernung von 4,5 Milliarden Kilometern zur Sonne trägt diese saisonal zur Erwärmung bei.

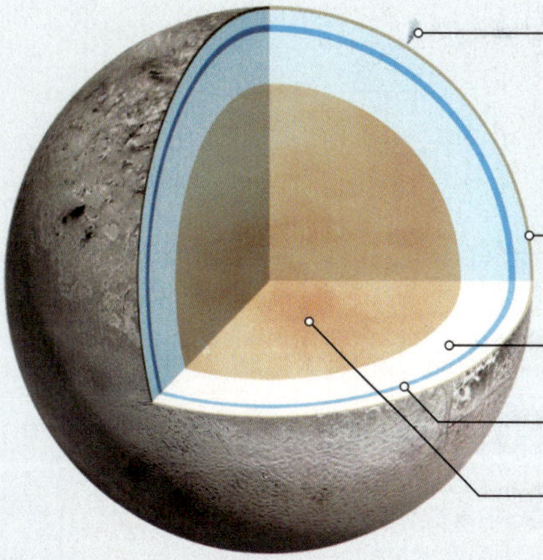

Ozeanvolumen (in Milliarden km³): Erde 1,8 – Triton 0,03

Weiterhin offene Fragen

Voyager 2 hat Phänomene erspäht, die Geysiren und Lavaflüssen ähneln, was für eine geologisch aktive Kruste mit einem Ozean darunter spricht. Doch das kann nur ein genauerer Blick bestätigen.

entdeckt **1846** von **William Lassell**

Durchmesser: **2704 km**
Oberflächentemperatur: **–235 °C**

untersucht **1989:** Vorbeiflug von **Voyager 2**

geplante Missionen: keine

*Schichtdicke nicht maßstabsgetreu

ASTEROIDENGESTEIN

Lieferdienst aus dem All

Im September 2023 brachte eine Raumsonde Gesteinsproben von einem Asteroiden auf die Erde. Laboruntersuchungen des gesammelten Materials sollen Einblicke in die Frühzeit des Sonnensystems gewähren.

Clara Moskowitz
ist leitende Redakteurin für Physik bei »Scientific American«.

AUF EINEN BLICK

Eine Hand voll Sonnensystem

1 Nach mehrjähriger Mission kehrte die Raumsonde OSIRIS-REx am 24. September 2023 zurück zur Erde. Hier warf sie eine Kapsel mit Oberflächenmaterial des Asteroiden Bennu ab.

2 Forschungsteams auf der ganzen Welt untersuchen Teile der Probe detailliert. Die chemischen und physikalischen Analysen sollen viele Fragen zur Beschaffenheit von Asteroiden klären.

3 Unterdessen fliegt OSIRIS-REx bereits zum nächsten Ziel: 2029 soll die Sonde einen weiteren erdnahen Gesteinsbrocken erreichen.

NASA'S GODDARD SPACE FLIGHT CENTER (HTTPS://WWW.NASA.GOV/IMAGE-ARTICLE/OSIRIS-REX-GRABS-SAMPLE/)

PROBENNAHME
Die Illustration zeigt, wie ein Roboterarm der Sonde OSIRIS-REx Gestein vom Asteroiden Bennu einsammelt.

NASA'S GODDARD SPACE FLIGHT CENTER (HTTPS://WWW.NASA.GOV/IMAGE-ARTICLE/OSIRIS-REX-GRABS-SAMPLE/)

Rückkehr von Bennu

Die NASA-Raumsonde OSIRIS-REx hat sich 2020 im Rahmen eines präzise geplanten Manövers dem Asteroiden Bennu bis auf wenige Meter genähert und mit einem Roboterarm Proben gesammelt. Ebenso fein abgestimmt ist die Rückführung zur Erde, die am 24. September 2023 mit Hilfe eines Fallschirms erfolgte.

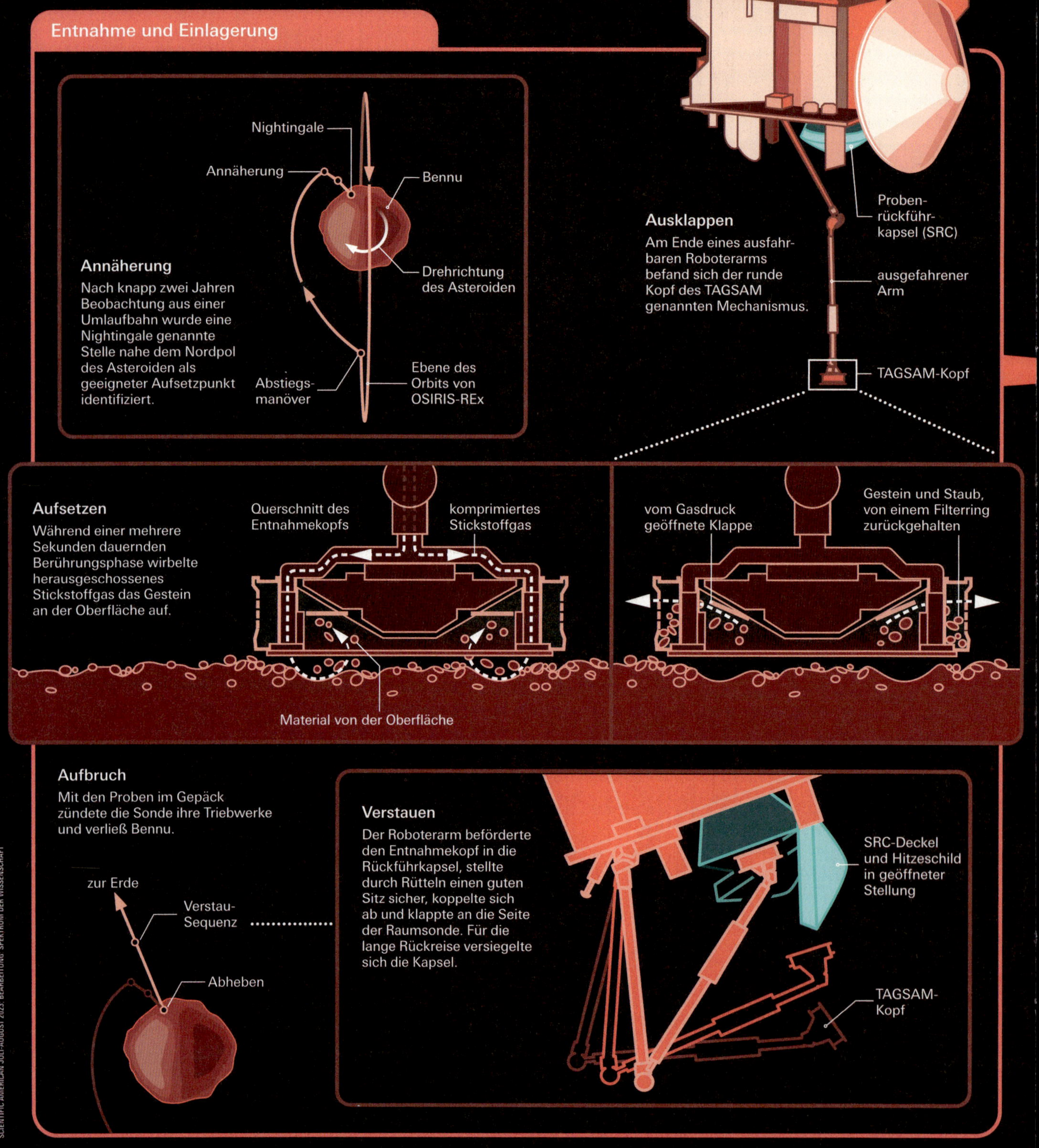

JEN CHRISTIANSEN, NACH AJLUNI, T. ET AL.: OSIRIS-REX, RETURNING THE ASTEROID SAMPLE. IEEE AEROSPACE CONFERENCE PAPER, 2015, UND NACH LAURETTA, D.S. ET AL.: OSIRIS-REX: SAMPLE RETURN FROM ASTEROID (101955) BENNU. SPACE SCIENCE REVIEWS 212, 2017 / SCIENTIFIC AMERICAN JULI-AUGUST 2023; BEARBEITUNG: SPEKTRUM DER WISSENSCHAFT

Verlauf der Mission

Für OSIRIS-REx gehen die Aufgaben auch nach erfolgreicher Auslieferung der Proben weiter. Im Rahmen einer erweiterten Mission reist die Sonde zum erdnahen Asteroiden Apophis. Dort soll sie 2029 ankommen.

2016
- 8. September: Start

2017
- 22. September: Vorbeiflug an der Erde

2018
- 3. Dezember: Ankunft bei Bennu

2019
- Umkreisen, Auskundschaften und Techniktests

2020
- 20. Oktober: erfolgreiche Entnahme der Proben

2021
- 7. April: letzter Überflug über Bennu

2022
- 10. Mai: Beginn Rückreise zur Erde

2023
- 24. September: Rückführung der Kapsel zur Erde

2024

2025

2026

2027

2028

2029
- Ankunft bei Asteroid Apophis

Rückführung

Heimkehr

Seit 2021 fliegt OSIRIS-REx zurück in Richtung Erde. Am 24. September 2023 kreuzten sich die Bahnen der Raumsonde und unseres Planeten. Die Kapsel wurde abgestoßen und die Triebwerke für die Weiterreise wurden erneut gezündet. Währenddessen fiel SRC vier Stunden lang zu Boden.

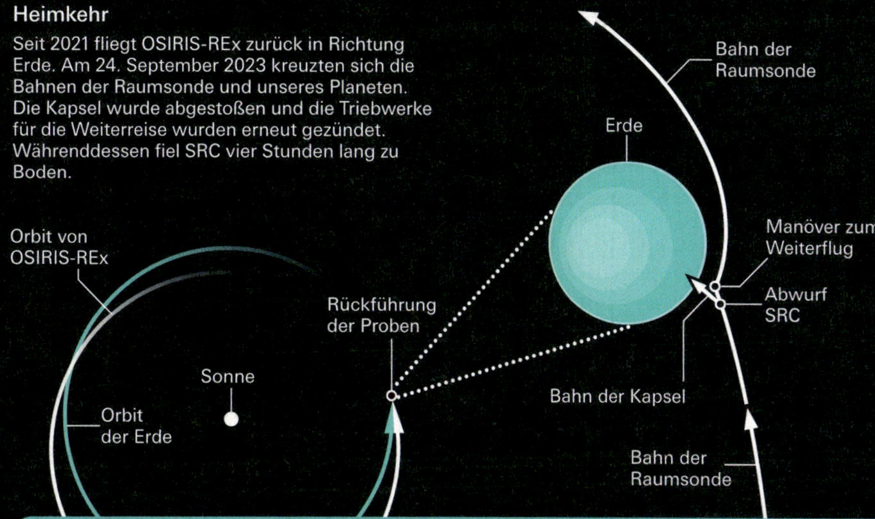

Eintritt

Der Hitzeschild der Kapsel schützt diese während des anfangs freien Falls durch die Atmosphäre. Bei passender Höhe und Geschwindigkeit dient zunächst ein kleiner Bremsschirm der Stabilisierung. Anschließend ermöglicht ein großer Fallschirm ein sanftes Aufsetzen mit 4,6 Metern pro Sekunde auf einem militärischen Testgelände in Utah.

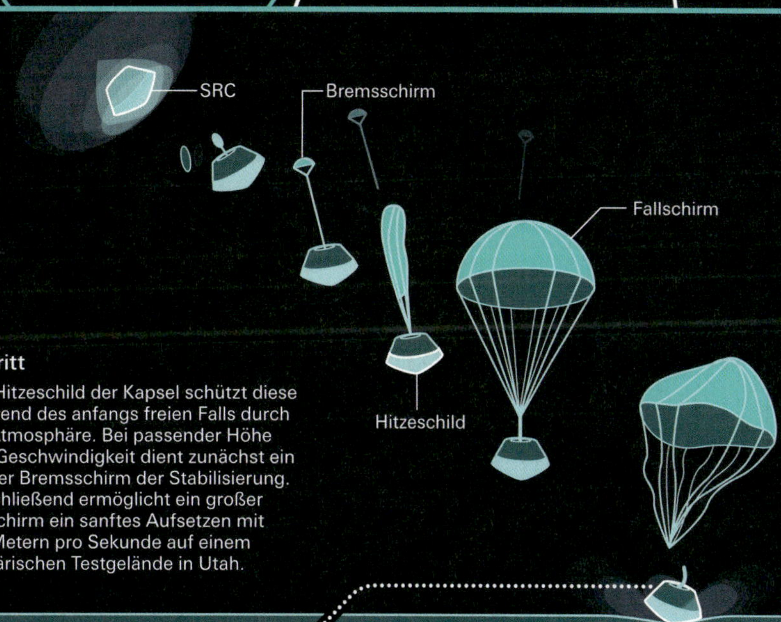

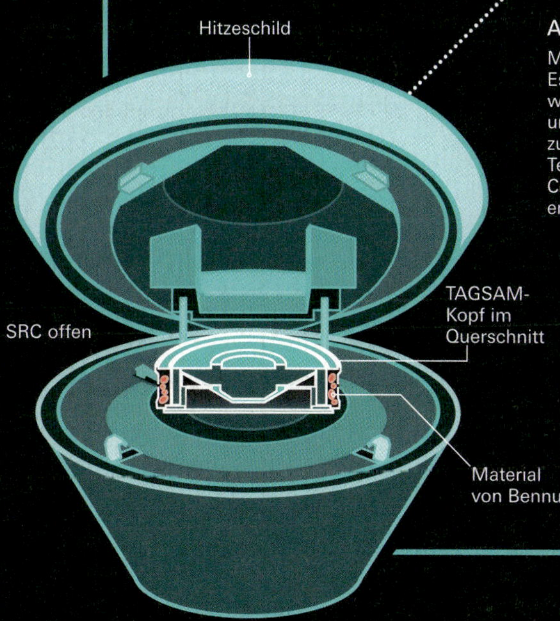

Abholen

Mit einem Helikopter flog ein Team zur Landestelle. Es beförderte die Kapsel zu einem mobilen Reinraum, wo Hitzeschild und Rückwand entfernt werden, um den innen liegenden Kanister mit den Proben frei zu legen. Innerhalb von 24 Stunden wurden alle Teile nach Houston gebracht, wo im Johnson Space Center unter größten Sicherheitsvorkehrungen das enthaltene Gestein entnommen wurde.

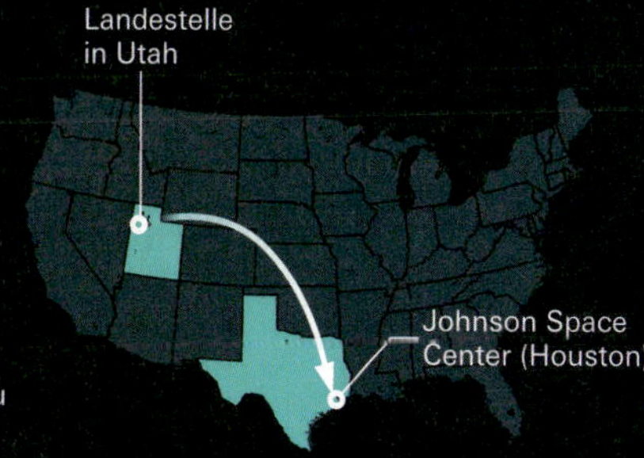

JEN CHRISTIANSEN, NACH AJLUNI, T. ET AL.: OSIRIS-REX, RETURNING THE ASTEROID SAMPLE. IEEE AEROSPACE CONFERENCE PAPER, 2015, UND NACH LAURETTA, D. S. ET AL.: OSIRIS-REX: SAMPLE RETURN FROM ASTEROID (101955) BENNU. SPACE SCIENCE REVIEWS 212, 2017 /

Wie fühlt es sich an, ein Stück Weltraum in Händen zu halten? Nicht viele Menschen haben das Glück, eine Antwort darauf zu kennen. Seit dem 24. September 2023 gibt es einige mehr von ihnen. Die NASA-Raumsonde OSIRIS-REx (kurz für Origins, Spectral Interpretation, Resource Identification, Security-Regolith Explorer) ist von ihrer siebenjährigen Mission zurück. Die Sonde hat eine Kapsel mit einer Hand voll Steinchen und Staub zur Erde gebracht, die sie der Oberfläche des erdnahen Asteroiden Bennu entnommen hat. »Bennu ist eine Zeitkapsel des frühen Sonnensystems«, sagt die an der Mission beteiligte Isotopengeochemikerin Amy Hofmann vom Jet Propulsion Laboratory der NASA. »Wir werden die Ersten sein, die sie öffnen und ihren Inhalt sehen.«

Hofmann gehört zu den rund 200 Fachleuten, die Teile der Beute von OSIRIS-REx erhalten werden. Die Kapsel zur Rückführung der Proben ist durch die Erdatmosphäre gestürzt und mit einem Fallschirm auf einem Übungsgelände des US-Militärs in Utah gelandet. Bergungsteams brachten sie mit einem Hubschrauber in einen mobilen Reinraum und entfernen dort den Hitzeschild und die Rückwand. Dann ging es weiter zu einer speziell vorbereiteten Einrichtung im Johnson Space Center in Houston. Erst dort, in einem gut von allen denkbaren Verunreinigungen abgeschirmten Handschuhkasten, wurde das Innerste der Kapsel frei gelegt. Darin befinden sich einige der wenigen ursprünglichen Asteroidenstücke, die jemals die Erdoberfläche erreicht haben. Zwar gibt es jede Menge Meteoriten, aber sie alle wurden durch die hohen Temperaturen beim Durchqueren der Atmosphäre dramatisch verändert.

NASA/GODDARD/UNIVERSITY OF ARIZONA (HTTPS://WWW.NASA.GOV/NEWS-RELEASE/NASAS-NEWLY-ARRIVED-OSIRIS-REX-SPACECRAFT-ALREADY-DISCOVERS-WATER-ON-ASTEROID/)

ASTEROID BENNU Diese Ansicht des rund 500 Meter großen Himmelskörpers besteht aus zwölf Einzelbildern, die aus einem Abstand von 24 Kilometern aufgenommen wurden.

Asteroiden sind Überbleibsel aus der Entstehungszeit des Sonnensystems. Die Proben werden deswegen Aufschluss darüber geben, wie es damals beschaffen war und welche Aminosäuren und anderen chemischen Verbindungen vorhanden waren, die heute für biologische Vorgänge unabdingbar sind. »Das O in OSIRIS-REx verweist letztlich auf den Ursprung des Lebens«, erklärt der leitende Forscher der Mission Dante S. Lauretta von der University of Arizona. »Wir wollen verstehen, welche Rolle solche kohlenstoffreichen Asteroiden dabei gespielt haben, die Bausteine des Lebens auf die Erde zu bringen.«

OSIRIS-REx ist 2016 gestartet und kam 2018 bei Bennu an. Die Sonde verbrachte zwei Jahre bei dem Asteroiden und vermaß ihn mit ihren Kameras, Spektrometern und anderen mitgeführten Instrumenten. Das verriet bereits eine Menge über Bennu und seine Struktur. Offenbar handelt es sich dabei eher um einen recht lockeren Geröllhaufen als um ein festes, kompaktes Objekt. Zudem ist in seinen Mineralen Wasser gebunden.

Der erkenntnisträchtigste Teil der Mission wird allerdings aus den Proben kommen. »Hier auf der Erde haben wir Zugang zu den modernsten Technologien«, erläutert Planetologin Michelle Thompson von der Purdue University in West Lafayette. »Uns stehen genügend Zeit sowie ein großes Team zur Verfügung. Wir können koordinierte Analysen durchführen und dieselbe Probe mit mehreren verschiedenen Techniken untersuchen. Das ist durch nichts zu ersetzen.«

Im Oktober 2020 näherte sich die Sonde dem Asteroiden und berührte die Oberfläche kurz mit ihrem Roboterarm TAGSAM (Touch-and-Go Sample Acquisition Mechanism). Ein Stoß aus Stickstoffgas wirbelte Staub und Gestein auf, die sich in einem speziellen Behälter sammelten. »Er sieht aus wie ein Luftfilter, nur dass wir die Luft mitgebracht haben«, erklärt Lauretta. Fotos, die während des Vorgangs angefertigt wurden, zeigen viel aufgenommenes Material. Zusätzlich blieben Stückchen sogar an der Außenseite von TAGSAM hängen.

Ein Schatz wird aufgeteilt

Nach der Öffnung der Kapsel auf der Erde hat das OSIRIS-REx-Team Anspruch auf ein Viertel der Ausbeute. Das Gestein wird vom Johnson Space Center aus an Labore in aller Welt verteilt. Außerdem erhält das an der Mission beteiligte Kanada vier Prozent der Probe. Mindestens 0,5 Prozent wiederum gehen an Japan, einen Pionier der Probenrückführung: Mit dessen beiden Hayabusa-Missionen kamen 2010 und 2020 die ersten Gesteinsproben von Asteroiden überhaupt zur Erde. Die restlichen 70 Prozent des eingesammelten Materials bleiben unberührt, zumindest vorerst. »Wie beim Apollo-Programm wollen wir den Großteil der Proben für künftige Wissenschaftler bewahren«, sagt der Leiter der OSIRIS-REx-Arbeitsgruppe für die physikalische und thermische Analyse Andrew Ryan, der

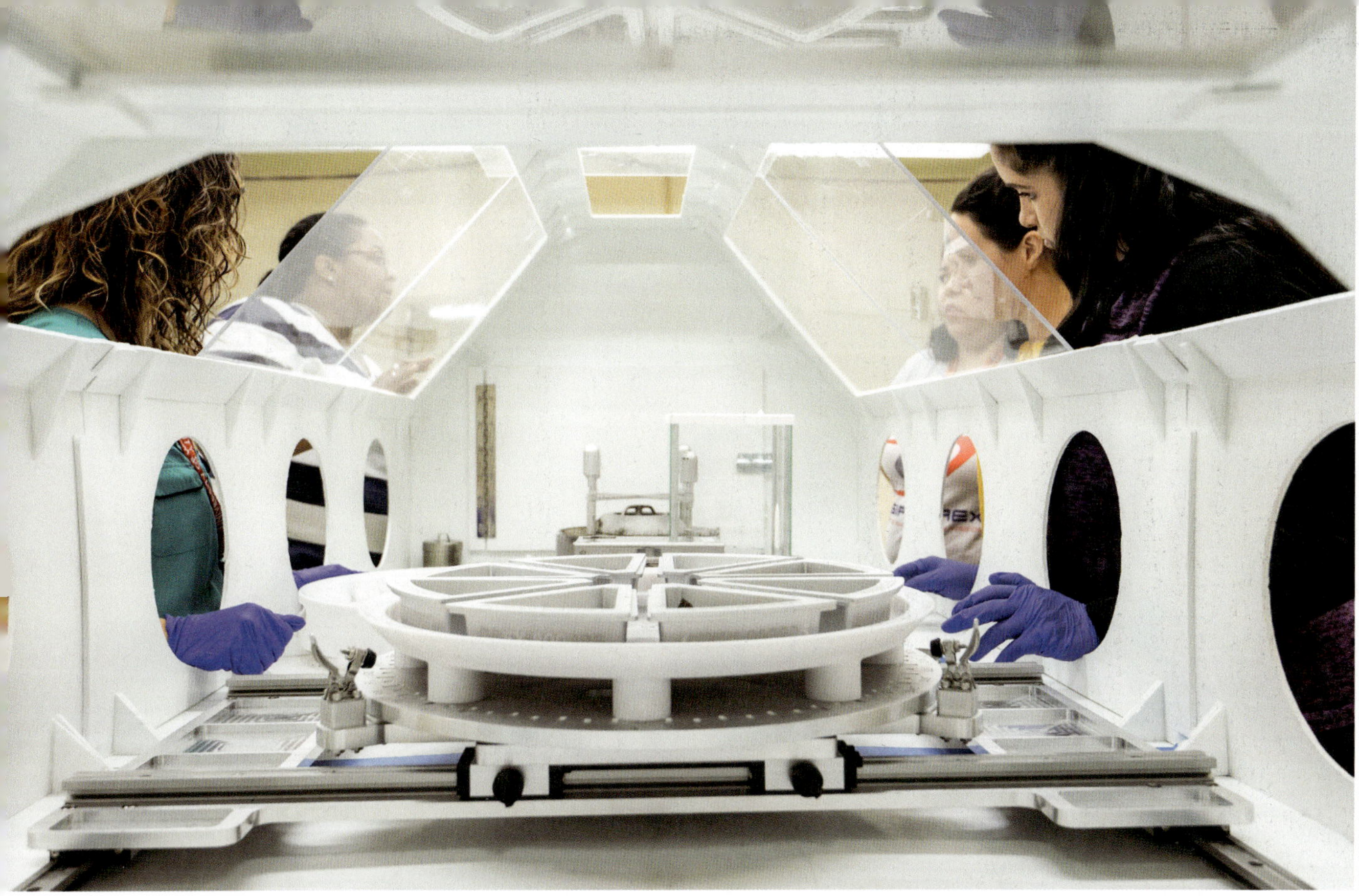

NASA JOHNSON/BILL STAFFORD (HTTPS://WWW.NASA.GOV/CENTERS-AND-FACILITIES/GODDARD/NASA-PREPARES-FOR-HISTORIC-ASTEROID-SAMPLE-DELIVERY-ON-SEPT-24/)

ÜBUNG FÜR DEN ERNSTFALL Am Johnson Space Center in Houston verschafft sich das OSIRIS-REx-Team am Modell eines Handschuhkastens Routine. Beim Öffnen der Kapsel muss jeder Handgriff sitzen. Es gilt, jegliche Kontamination des Probenmaterials zu vermeiden, während es sortiert und zum Verschicken an internationale Labore oder zur Einlagerung vorbereitet wird.

ebenfalls an der University of Arizona arbeitet. »Es werden sich neue Fragen ergeben und andere Werkzeuge zur Verfügung stehen, und bis es so weit ist, stellen wir sicher, dass wir nicht schon die gesamte Menge verbraucht haben.«

Von den ersten Messungen an wird sich unser Wissen über Asteroiden wie Bennu erheblich erweitern. Ryans Team untersucht beispielsweise, wie viel Wärme das Material leitet, wie locker das räumliche Gefüge ist und wie stark die einzelnen Partikel zusammenhalten. Zu solchen Kennzahlen gibt es bereits Schätzungen auf Basis der Beobachtungen von Bennu.

Der Vergleich zwischen Daten aus dem Orbit und aus dem Labor hilft dann dabei, andere Asteroiden zuverlässiger aus der Ferne zu charakterisieren. Sollte die Menschheit sogar irgendwann einmal einen Felsbrocken von einem Kollisionskurs mit der Erde abbringen müssen, wird der Missionserfolg entscheidend davon abhängen, die Eigenschaften des fremden Geschosses richtig zu modellieren.

Amy Hofmann wird in ihren Proben mit einem speziellen Massenspektrometer, einer Orbitrap, organische Moleküle mit unterschiedlichen Isotopenzusammensetzungen identifizieren und deren Mengen vergleichen. Die Messung des Anteils von Kohlenstoff-13-Atomen (eine seltene, stabile Form des Kohlenstoffs mit einem zusätzlichen Neutron) relativ zu dem des häufigeren Kohlenstoff-12 in einem bestimmten Molekül kann beispielsweise Aufschluss über die Temperatur geben, bei der die Verbindung entstanden ist. »Solche Analysen waren zur Zeit der ersten Planungen für OSIRIS-REx noch gar nicht möglich«, erläutert Hofmann.

Michelle Thompson will mit Elektronenmikroskopen untersuchen, wie Bennu im Lauf der Zeit durch Einschläge anderer Gesteinsbrocken und durch energiereiche Teilchen von der Sonne verändert wurde. Die Messungen sollen zusammen mit den Ergebnissen anderer geplanter Experimente ein genaues Bild von dem Zustand und der Entwicklung unseres frühen Sonnensystems vermitteln. »Wir werden einen umfassenden Katalog von Fragen beantworten«, betont Thompson. »Sie reichen vom grundsätzlichen Wissen über die Bausteine des Sonnensystems bis hin zu physikalischen Materialeigenschaften. Am Ende der Mission wird ein völlig neues Verständnis für diese Art von Himmelskörpern stehen. Alle sind mit Recht äußerst gespannt.« ◂

QUELLEN

Ajluni, T. et al.: OSIRIS-REx, returning the asteroid sample. 2015 IEEE Aerospace Conference, 2015

Lauretta, D.S. et al.: OSIRIS-REx: Sample return from asteroid (101955) Bennu. Space Science Reviews 212, 2017

JENSEITS DER ERDE

Keine Zukunft im All?

Dauerhaften menschlichen Siedlungen jenseits der Erde stehen nicht nur technologische Herausforderungen entgegen. Auch wegen medizinischer, finanzieller und ethischer Probleme wird der alte Sciencefiction-Traum womöglich nie Wirklichkeit.

Sarah Scoles ist Wissenschaftsjournalistin in Colorado, USA.

UNGEWISSE AUSSICHTEN Ob Menschen irgendwann jenseits unseres Planeten eine zweite Heimat finden werden, steht in den Sternen.

VITALII BUT / STOCK.ADOBE.COM (ERSTELLT MIT KI)

AUF EINEN BLICK

Luftschloss Raumkolonie

1 Staatliche und private Organisationen entwickeln Pläne für eine Basis auf dem Mond oder sogar dem Mars. Dort sollen Menschen langfristig forschen und die Himmelskörper erschließen.

2 Die Pioniere wären erheblichen körperlichen und psychologischen Risiken ausgesetzt. Das zeigen Erfahrungen mit Astronauten und bei Experimenten auf der Erde.

3 Bereits an der technischen Umsetzung könnte solch ein Unterfangen scheitern. Und selbst, wenn es machbar wäre, ist fraglich, ob es jemand finanzieren wird.

VITALII BUT / STOCK.ADOBE.COM ERSTELLT MIT KI

Demnächst könnten wieder Menschen auf dem Mond stehen. Zumindest, wenn es nach der US-Raumfahrtbehörde NASA geht, die zu diesem Zweck stark in ihr Artemis genanntes Programm investiert. Es ist Teil einer ehrgeizigen und riskanten Strategie, die erste dauerhafte menschliche Präsenz auf einem anderen Himmelskörper zu schaffen. Zudem entwickeln Unternehmen wie United Launch Alliance und Lockheed Martin technische Mittel für die Besiedlung des Mondes. Elon Musk strebt mit seiner Firma SpaceX sogar eine Eroberung unseres Nachbarplaneten Mars an. Aber sind solche Pläne überhaupt realistisch angesichts der Tatsache, dass der Weltraum geradezu darauf ausgelegt zu sein scheint, uns zu töten?

Der Mensch hat sich auf der Erdoberfläche entwickelt und an sie angepasst. Je weiter wir uns von ihr entfernen, desto schneller versagt unser Körper – physisch wie psychisch. Bereits das von der kosmischen Strahlung ausgehende Krebsrisiko und die körperlichen Veränderungen in der Schwerelosigkeit lassen sich kaum mit einem längeren Aufenthalt im All vereinbaren. Außerdem gibt es möglicherweise keine tragfähigen wirtschaftlichen Argumente und zu wenig öffentliche Unterstützung dafür, uns auf einer anderen Welt niederzulassen. Eine solche Kolonisierung wirft zudem heikle ethische Fragen auf.

Auf der Analog Astronaut Conference im Mai 2023 schien keines dieser Probleme unlösbar zu sein. Dazu hatten sich Fachleute und Raumfahrtbegeisterte in der Nähe von Tucson in Arizona getroffen, in der Biosphäre 2, einem abgeschlossenen Miniatur-Ökosystem, das heute von der University of Arizona genutzt wird. Unter den Versammelten schien ein klarer Konsens zu herrschen: Das Leben im Weltraum ist das unumstößliche Schicksal unserer Spezies, und wir alle sollten gemeinsam auf dieses Ziel hinarbeiten. Den Anwesenden war allerdings bewusst, dass das noch ein großer Traum ist.

Im September 1991 betraten acht Menschen die Biosphäre 2 und lebten dort zwei Jahre lang. Bei der Einrichtung handelt es sich um einen Komplex aus Glaskuppeln, in dem auf einer Fläche von 1,6 Hektar verschiedene, voneinander getrennte Ökosysteme wie etwa ein Ozean, Mangroven, ein tropischer Regenwald und eine Savanne unseren Planeten – die Biosphäre 1 – nachbilden sollen. Ein Ziel war es, etwas über die Dynamik in den Biotopen auf der Erde zu erfahren. Ein weiteres lautete, herauszufinden, wie sich der Mensch ein von der Außenwelt unabhängiges, lebenserhaltendes System schaffen könnte, auch jenseits unseres Heimatplaneten. In der Praxis hat Biosphäre 2 nicht funktioniert wie gehofft. Die isolierte Umgebung produzierte weder genügend Sauerstoff noch Wasser oder Nahrung für die dort Einquartierten. Noch dazu wurden die erste Mission und eine zweite einige Jahre später durch zwischenmenschliche Konflikte und psychologische Probleme der Bewohner torpediert.

Heute werden Menschen, die an Projekten wie Biosphäre 2 teilnehmen – die also während einer Mission auf der Erde gewisse Aspekte langfristiger Aufenthalte im All

BIOSPHÄRE 2 Zwischen September 1991 und September 1993 lebten acht Menschen in diesem isolierten Gewächshauskomplex in der Wüste von Arizona. Das sollte Erkenntnisse auch zu der Frage bringen, wie sich Menschen im Weltraum selbst versorgen können.

ALAMY / SCIENCE HISTORY IMAGES

simulieren –, als Analog-Astronauten bezeichnet. Diese ungewöhnliche Tätigkeit ist erstaunlich beliebt: Es gibt entsprechende Einrichtungen unter anderem in Utah, auf Hawaii, in Texas und der Antarktis. In Oman, Kenia und Israel werden sie gebaut oder geplant. Das gemeinsame Ziel ist es, etwas darüber in Erfahrung zu bringen, wie man jenseits der Erde leben kann, ohne unseren Planeten zu verlassen.

Während die in der Wüste untergehende Sonne die Glasfassade der Biosphäre 2 in zartes Rosa tauchte, trafen sich hier auf der Terrasse Leute, die sich solchen ungewöhnlichen Welten zugehörig fühlen. Einige von ihnen haben an Simulationsprojekten teilgenommen oder eigene Gebäudekomplexe für Analog-Astronauten errichtet. Andere waren einfach nur neugierig. Hier tummelten sich Astronomen, Geologen, ehemalige Militärangehörige, Postboten, Mediziner, Künstler und Anwälte. In dieser Nacht trugen viele von ihnen Star-Wars-Kostüme und beobachteten den aufgehenden Mond, auf dem sie gerne Siedlungen sehen würden.

Die lebensfeindlichste Umgebung

Der menschliche Körper verträgt den Weltraum alles andere als gut. Aufenthalte dort schädigen die DNA und erhöhen das Krebsrisiko, verändern das Mikrobiom, stören den Tag-Nacht-Rhythmus, beeinträchtigen die Sehkraft, verursachen Muskel- und Knochenschwund, hemmen das Immunsystem, schwächen das Herz und verlagern Flüssigkeiten in Richtung Kopf. Und das ist nicht alles.

An der University of California in San Francisco hat die Medizinerin Sonja Schrepfer zwei der typischen Krankheiten untersucht, die Säugetiere im Weltraum heimsuchen. Konkret ging es um Mäuse, die sich an Bord der Internationalen Raumstation ISS aufgehalten hatten. Das erste Ergebnis: Die zum Gehirn führenden Blutgefäße versteifen sich in der Mikrogravitation. Schrepfer und ihr Team identifizierten einen Weg, auf dem sich diese kardiovaskulären Veränderungen auf molekularer Ebene verhindern lassen könnten. »Aber die Frage, die ich jetzt zu beantworten versuche, ist: Wollen wir das überhaupt?« Vielleicht ist die Verfestigung der Gefäßwände ein Schutzmechanismus, spekuliert die Medizinerin, und sie flexibler zu machen, könnte wiederum andere Probleme verursachen.

Wenn man sich jahrelang in einem Raumschiff oder auf der Oberfläche eines Planeten aufhält, erhöht sich das Krebsrisiko bedrohlich

Zweitens möchte sie herausfinden, wie sich das Immunsystem der Astronauten unterstützen lässt. Infolge eines Aufenthalts im Weltraum arbeitet es träger als normalerweise, etwa bei der Reparatur von Gewebeschäden. »Das Immunsystem altert in der Mikrogravitation ziemlich schnell«, erklärt Schrepfer. Sie schickt biologische Proben von jungen, gesunden Menschen auf speziellen Gewebechips auf die ISS und lässt dort die Abbauprozesse nachstellen.

Zu den bedenklichen Nebenwirkungen gehören außerdem Sehprobleme: Wenn Astronauten einen Monat oder länger im Weltraum verbringen, flachen ihre Augäpfel ab. Das ist ein Aspekt des so genannten raumfahrtassoziierten neurookulären Syndroms und kann das Sehvermögen langfristig schädigen.

Knochen und Muskeln verändern sich ebenfalls. Sie sind auf ein Leben auf der Erde unter ständiger Belastung ausgelegt. Die Arbeit, die der Körper unentwegt beim Halten und Bewegen gegen die Schwerkraft leistet, verhindert, dass Muskeln verkümmern, und regt das Knochenwachstum an. Im Weltraum überwiegt ohne diese permanente Zugkraft schnell der Abbau – die Muskeln schrumpfen. Deshalb müssen Astronauten jeden Tag stundenlang trainieren und dabei spezielle Geräte benutzen, die einige der Wirkungen simulieren, die sonst der Erdboden übernehmen würde. Doch auch das verhindert nicht alle Verluste.

ALAMY / B. DAVID CATHELL

GEWÄCHSHAUS **In verschiedenen Abschnitten der Biosphäre 2 wachsen Pflanzen aus unterschiedlichen Klimazonen unter Glas.**

Ständiges Bombardement aus dem All

Die wohl größte medizinische Sorge bereitet allerdings die kosmische Strahlung. Sie ist für heutige Astronauten in einer niedrigen Erdumlaufbahn überschaubar. Bei weiteren und längeren Reisen aber wäre das Problem dramatischer. Ein Teil der Strahlung kommt von der

IMAGINIMA / GETTY IMAGES / ISTOCK

KÜNSTLICHE GRAVITATION Schon seit einem Jahrhundert gibt es Konzepte für Raumstationen, bei denen reifenförmige Abschnitte rotieren und mittels Zentrifugalkraft eine Beschleunigung erzeugen. Das würde negative Auswirkungen der Schwerelosigkeit bei langen Aufenthalten im Weltraum vermeiden. Die Idee hat längst Eingang in die Sciencefiction gefunden, aber praktische Umsetzungen wie in dieser Illustration stehen noch aus.

Sonne, die ständig massenhaft Kerne von Wasserstoffatomen ausspuckt, vor allem bei Sonnenstürmen. Diese Protonen können die DNA schädigen. »Dabei kann man eine akute Strahlenerkrankung davontragen«, sagt Dorit Donoviel, Professorin für Raumfahrtmedizin am Baylor College of Medicine in Houston.

Künftige Astronauten könnten sich vor der Protonenstrahlung beispielsweise mit Wasser abschirmen, das in die Wände eines Schutzraums gepumpt wird. Doch Sonneneruptionen mit besonders starker Belastung kommen mitunter sehr plötzlich. »Wenn sich etwa bei einem Mondspaziergang ein solarer Teilchenauswurf ereignet, gibt es bis zum Eintreffen der Strahlung eine Vorwarnzeit von maximal 30 Minuten«, führt Donoviel aus. Das bedeutet, dass bessere Methoden zur Erkennung und Vorhersage solcher Ereignisse nötig sind und Astronauten immer in der Nähe von Rückzugsorten bleiben müssen.

Falls man nicht rechtzeitig in Sicherheit käme, träte zuerst Übelkeit ein. »Man würde sich in den Raumanzug erbrechen«, schildert Donoviel, »was rasch lebensbedrohlich werden kann.« Leicht würden die Lebenserhaltungssysteme beeinträchtigt oder die Atemwege verstopfen. Wegen zerstörter weißer und roter Blutkörperchen wäre das Gewebe Infektionen und Sauerstoffmangel ausgesetzt. Man wird müde, blutarm, stirbt möglicherweise. Nichts, was sich Kinder vorstellen, die später einmal Astronautin oder Astronaut werden wollen.

Es existiert noch eine andere Form von Bombardement: die galaktische kosmische Strahlung, die selbst von viel Wasser nicht abgehalten wird. Diese Variante herumflitzender Partikel besteht aus sich schnell bewegenden Elementen, vor allem aus Wasserstoff, aber auch allen anderen üblichen Atomen des Periodensystems. Sie werden bei gewaltigen Himmelsereignissen wie Supernovae freigesetzt und bringen viel mehr Energie mit sich als ein einfaches Proton von der Sonne. »Wir können Astronauten nicht vollständig davor schützen«, sagt Donoviel. Und eine unvollständige Abschirmung verschlimmert das Problem sogar noch. Die Strahlen lösen beim Durchgang durch eine Barriere regelrechte Schauer weiterer Teilchen aus.

Die Dosis, die man von der galaktischen kosmischen Strahlung auf dem Weg zum Mars abbekäme, ist zu jedem Zeitpunkt zwar gering. Doch wenn man sich jahrelang in einem Raumschiff oder auf der Oberfläche eines Planeten aufhält, erhöht sich das Krebsrisiko bedrohlich.

Da eine Abschirmung der Astronauten nicht realistisch ist, erforscht Donoviels Institut, wie der Körper Strahlungsschäden besser reparieren kann, und entwickelt unter anderem chemische Verbindungen, die bei Wunden lokal auftretende DNA-Schäden beheben. »Üblicherweise machen sich die Leute Gedanken darüber, wie man Krebs am besten bekämpfen kann, wenn er erst einmal aufgetreten ist«, sagt die Raumfahrtmedizinerin. »Wir verfolgen einen präventiven Ansatz.«

Das Fleisch mag willig sein, aber der Geist ist schwach

Selbst wenn solche körperliche Probleme behoben werden können, bleibt das Gehirn ein großer Schwachpunkt. Eine Übersichtsarbeit hat 2021 die psychischen Risiken dargelegt, denen Menschen auf ihrer Reise ausgesetzt wären. Die Grundlage bildeten gesammelte Forschungsergebnisse über echte und Analog-Astronauten. Die möglichen Probleme reichen von schlechter Emotionsregulation, verminderter Belastbarkeit, verstärkter Angst und Depression über Kommunikationsprobleme innerhalb des Teams bis hin zu Schlafstörungen und kognitiven sowie motorischen Funktionseinschränkungen auf Grund von Stress. Um eine Ahnung davon zu bekommen, warum solche Komplikationen auftreten, stellen Sie sich einfach vor, Sie säßen monatelang mit einigen anderen Personen in einer Art Blechbüchse in einer Tod bringenden Umgebung, ohne natürlichen Tag-Nacht-Rhythmus, strukturiert nur durch einen monotonen Zeitplan, zu dessen Erfüllung eine ferne Missionskontrolle Sie ständig drängt.

So dramatisch die körperlichen und geistigen Folgen sein mögen, sie sind nicht einmal die unmittelbarsten Hürden auf dem Weg zu einer Siedlung im All. Das größere Problem sind die Kosten. Wer soll das alles bezahlen? Sogar ein milliardenschwerer Finanzier mit viel Abenteuerlust oder Altruismus (oder schlechtem Urteilsvermögen) wird keine komplette Weltraumkolonie aus dem Ärmel schütteln. Und ein zentrales Ziel gewinnorientierter Raumfahrtunternehmen ist es nun einmal, Geld zu verdienen.

Matthew Weinzierl untersucht an der Harvard Business School die ökonomischen Zusammenhänge in der Raumfahrt. Zusammen mit seinem Harvard-Kollegen Brendan Rousseau hat er versucht herauszufinden, wie groß die Nachfrage nach der Erforschung des Alls und nach Tätigkeiten außerhalb der Erde ist. »Das Angebot ist enorm gestiegen und die Kosten für Weltraumaktivitäten wurden gesenkt«, stellt Weinzierl fest. »Aber wer steht auf der anderen Seite?« Raumfahrtunternehmen sind seit jeher Insellösungen: Spezialisten mit einem Angebot für Spezialisten. Sie vermarkten keine Waren oder Dienstleistungen für die breite Öffentlichkeit. Selbst kommerzielle Firmen wie SpaceX bauen hauptsächlich auf staatliche Aufträge.

Die 1960er Jahre gelten als eine Ära der Begeisterung für die bemannte Raumfahrt, aber dem widersprechen Umfragen aus jener Zeit

NASA/USGS

VALLES MARINERIS Das gigantische Grabensystem auf dem Mars entstand wohl nicht durch Wasser, wie früher vermutet wurde. Dennoch könnte es auf dem Mars einst Ozeane gegeben haben, in denen sich Leben entwickelte und sich in Nischen möglicherweise bis heute hält. Menschen könnten etwaige Mars-Ökosysteme kontaminieren – oder umgekehrt.

Die Ideengeber haben auch nicht zwangsläufig detailliert die marktwirtschaftlichen Hintergründe durchdacht; häufig sind sie einfach nur begeistert, dass die Raketen funktionieren. »Technische Machbarkeit ist nicht gleichbedeutend mit einem überzeugenden Business Case«, mahnt Rousseau.

Wenn sie nicht gerade Regierungsaufträge anstreben, zielen private Raumfahrtunternehmen heutzutage auf Touristen ab. Diese sind jedoch nicht durch dieselben Sicherheitsvorschriften geschützt, die für staatliche Astronauten gelten. Bereits ein einziger Unfall könnte der Todesstoß für die Branche Weltraumtourismus sein. Erschwerend kommt hinzu, dass wohl nur ein Bruchteil derjenigen, die über genügend Geld verfügen, an einem Ort wie dem Mars leben wollen – statt bloß einen Kurztrip knapp jenseits der Atmosphäre zu machen.

Der Weltraum, unrentable Weiten?

Menschen neigen dazu, die Erforschung des Alls mit dem Vorstoß zu neuen Grenzen auf der Erde zu vergleichen. Früher suchten Pioniere hier zum Beispiel nach Gold oder nach fruchtbarem Land. Auf anderen Welten kann man nicht sicher sein, lohnende Werte vorzufinden. »Wir müssen also ein wenig vorsichtig sein, wenn wir glauben, es würde sich schon irgendwie auszahlen«, betont Weinzierl.

Weinzierl und Rousseau finden die Idee einer dauerhaften menschlichen Präsenz im Weltraum durchaus inspirierend, bloß können sie nicht sagen, wann oder wie dies aus finanzieller Sicht funktionieren wird. Inspiration zahlt keine Miete. »Wir würden uns freuen, wenn es so weit

ESA – P. CARRIL (HTTPS://WWW.ESA.INT/ESA_MULTIMEDIA/IMAGES/2019/07/ARTIST_IMPRESSION_OF_A_MOON_BASE_CONCEPT)

KONZEPT EINER MONDBASIS **Die Illustration zeigt mögliche Konstruktionen für einen dauerhaften Aufenthalt von Menschen auf dem Mond mit Solarzellen zur Energieversorgung, Gewächshäusern für Nahrungsmittel sowie Wohnbereichen, die von Hügeln aus Mondgestein gegen kosmische Strahlung und Einschläge kleiner Meteoriten geschützt werden.**

kommt«, sagt Rousseau. Seiner Meinung nach dürfte es vielen so gehen. »Solange jemand anderes die Rechnung übernimmt.«

Dem würden wohl die meisten Steuerzahler zustimmen. So schwer es für Weltraumfans auch zu glauben ist: Kaum ein Mensch misst außerirdischen Abenteuern einen großen Nutzen bei. 2018 bat das US-Meinungsforschungsinstitut Pew einen Bevölkerungsquerschnitt darum, die Relevanz von neun der wichtigsten NASA-Missionen als »höchste Priorität«, »wichtig, aber mit geringerer Priorität« oder »nicht so wichtig / sollte nicht durchgeführt werden« zu bewerten. Lediglich 18 beziehungsweise 13 Prozent der Befragten hielten die Entsendung von Menschen zum Mars oder zum Mond für vorrangig. Damit sind solche Missionen hinsichtlich potenzieller Unterstützung die Schlusslichter. Deutlich mehr Zuspruch ernten Vorhaben zur Überwachung des Erdklimas, zur Suche nach gefährlichen Asteroiden und zur Grundlagenforschung allgemein. Die US-Umfragefirma Morning Consult ermittelte im Jahr 2020, dass nur sieben bis acht Prozent der Befragten der Meinung waren, die Entsendung von Menschen zum Mond oder Mars sollte höchste Priorität haben.

Überraschenderweise lässt sich Ähnliches über die Anfänge der Monderkundung sagen. Zwar gelten die 1960er Jahre im Rückblick oft als eine Ära der allgemeinen Begeisterung für die bemannte Raumfahrt; dem widersprechen allerdings Umfragen aus jener Zeit, wie der Raumfahrthistoriker Roger Launius in einer 2003 veröffentlichten Analyse feststellte: »Während der 1960er Jahre glaubte eine Mehrheit der US-Amerikaner nicht, das Apollo-Programm sei die Kosten wert, mit der einzigen Ausnahme einer Umfrage, die zur Zeit der Mondlandung von Apollo 11 im Juli 1969 durchgeführt wurde.« Im Lauf des gesamten Jahrzehnts seien 45 bis 60 Prozent der US-Bevölkerung der Meinung gewesen, die Regierung gebe zu viel für die Raumfahrt aus. »Das deutet auf einen Mangel an Engagement für die Agenda hin.«

Entwicklungen für die Erde auf der Erde

Wenn Vertreter von Raumfahrtagenturen gefragt werden, weshalb man sich für die Erforschung des Weltraums interessieren sollte, antworten sie oft, es sei zum Nutzen der Menschheit. Manchmal zitieren sie Nebenprodukte, die ihren Weg zu alltäglichen Anwendungen finden, beispielsweise die Verbesserung der Laseraugenchirurgie durch Innovationen bei Teleskopspiegeln. Für die Kommunikationsexpertin und NASA-Beraterin Linda Billings ist dieses Argument jedoch nicht stichhaltig. Wenn man an der Förderung einer Technologie interessiert sei, schlägt sie vor, direkt in den privaten Sektor zu investieren – anstatt indirekt über eine Raumfahrtbehörde. Dort dauere die Entwicklung zwangsläufig länger, koste mehr und wäre nicht automatisch auf die irdische Nutzung zugeschnitten. »Meinem Eindruck nach liefert die NASA keine Belege dafür, dass die Besiedlung des Weltraums der Menschheit zugutekommen wird«, urteilt Billings.

Ob die Raumfahrt mit Steuergeldern unterstützt werden sollte, ist laut Brian Patrick Green von der Santa Clara University außerdem eine ethische Frage. Green begann sich für solche Zusammenhänge zu interessieren, als er als Lehrer auf den Marshallinseln arbeitete. Dort haben Atomwaffentests der USA dauerhafte Umwelt- und Gesundheitsschäden verursacht. Heute wird die pazifische Inselgruppe vom Anstieg des Meeresspiegels bedroht, durch den wahrscheinlich große Teile der Infrastruktur überschwemmt, die Küsten erodiert und die nutzbaren Landflächen schrumpfen werden. »Das hat mein Interesse an den gesellschaftlichen Auswirkungen der Technologie geweckt«, sagt er.

Die womöglich wichtigste ethische Frage in der Raumfahrt ist die nach dem Warum: Was erreichen wir damit? Greens eigene vage Antwort lautet: »Es verdeutlicht unsere Handlungsfähigkeit – dass wir, wenn wir uns wirklich anstrengen, Ziele tatsächlich erreichen können. Es bringt Menschen zusammen.« Diese eher philosophischen Vorteile müssen jedoch gegen konkrete Kosten abgewogen werden. Ob es nun um sonstige Raumfahrtprojekte wie Erdüberwachung oder Sonden zu anderen Himmelskörpern geht oder um irdische Belange wie den Bau von bezahlbarem Wohnraum – viele Vorhaben können nicht stattfinden, wenn das Geld zum Mond, zum Mars oder nach Alpha Centauri fließt.

Dazu kommt Green zufolge eine weitere Frage: »Sollten wir wirklich Menschen dorthin schicken?« Über das erhebliche Risiko für Krebs und weitere körperliche Schäden hinaus lauern im All ständig tödliche Gefahren. Und selbst wenn ein Astronaut eine solche Mission übersteht, stellt sich die Frage, was für eine Art Existenz er dabei führt. »Es ist eine Sache, einfach nur zu überleben«, wirft Green ein. »Es ist eine ganz andere, sein Dasein tatsächlich zu genießen. Wird der Mars zum Äquivalent einer Folterkammer?«

Selbst wenn ein Astronaut eine solche Mission übersteht, stellt sich die Frage, was für eine Art von Existenz er dabei führt

Außerdem müssen wir die Risiken für die Himmelskörper selbst berücksichtigen, und zwar sowohl für die, zu denen Menschen reisen, als auch für unsere Heimat, sofern es denn ein Rückfahrticket für die Entdecker gibt. So könnte der Mars durch Mikroorganismen kontaminiert werden, die sich bereits bei robotischen Missionen nur mit großem Aufwand und nie vollständig von den Komponenten entfernen lassen. Und wenn es irgendwo auf den anderen Welten unentdecktes Leben gibt, könnten extraterrestrische Mikroben mit den Astronauten oder der Ausrüstung zurückkehren – ein Risiko, das als Rückwärtskontamination bezeichnet wird.

Fragwürdige Pionierromantik

Der Sciencefiction-Experte Gary Westfahl äußert grundsätzliche Zweifel am Wertegerüst, das hinter solchen Unternehmungen steht. In seinen umfangreichen Analysen des Genres ist er zu der Überzeugung gelangt, dass Sciencefiction-Utopien einer fehlerhaften Logik und Motivation unterliegen. 1997 veröffentlichte er den viel beachteten Essay »The Case against Space«. Über den Anstoß dazu berichtet er: »Ich stieß wieder und wieder auf dasselbe Argument: Die Raumfahrt ist das Schicksal der Menschheit.« Astronauten werden oft als mutiger dargestellt als diejenigen, die auf ihrem Heimatplaneten bleiben; sie sind diejenigen, die zivilisatorische Entwicklungen vorantreiben. »Aus philosophischer Perspektive wollte ich der Behauptung widersprechen, Entdecker seien die Besten und Klügsten der Menschheit und Fortschritt könne nur durch kühne Vorstöße in unbekanntes Gebiet erreicht werden«, resümiert Westfahl. Schließlich verbringen viele intelligente und produktive (ganz zu schweigen von glücklichen) Menschen ihr Leben nicht mit Davonlaufen. In seinem Beitrag erkannte er »keinen Zusammenhang zwischen Reisetätigkeit und Tugendhaftigkeit«. Im Gegenteil. Er schrieb: »Die Geschichte unserer Spezies deutet stark darauf hin, dass Fortschritt auf einem stabilen Leben auf der Erde basiert und dass ein umfangreiches Programm für einen Aufbruch in den Weltraum zu einer neuen Periode der menschlichen Stagnation führen wird.«

In gewisser Weise steckt hinter der Raumfahrt zum Teil sogar ein Wunsch nach einem einfacheren Leben. Astronauten müssen bloß mit wenigen Menschen auskommen – eine geradezu dörfliche Lebensart. Sie müssen sich mit den Vorräten in der Nähe begnügen oder sich selbst versorgen, so wie es vor den Zeiten von Supermärkten und Internetbestellungen üblich war. Die Kommunikation mit Personen außerhalb ihres unmittelbaren Umfelds ist mühsam. Ihr Arbeitstag folgt einem strengen, aber überschaubaren und vorgeschriebenen Ablauf. Alles ist ein Kampf; es gibt keine Annehmlichkeiten. Anders als in einer modernen, digital vernetzten Umgebung zerstreut sich ihre Aufmerksamkeit nicht in viele Richtungen – sie sind auf die Gegenwart fokussiert.

So fühlte sich zumindest die Analog-Astronautin Ashley Kowalski aus Moskau während des Projekts SIRIUS-21. Zusammen mit einer internationalen Crew verbrachte sie im Rahmen einer gemeinsam von den USA und Russland simulierten Mondmission die Zeit zwischen November 2021 und Juli 2022 in einem abgeschlossenen Gebäudekomplex. Kowalskis Vortrag auf der Analog Astronaut Conference in der Biosphäre 2 trug den Titel »Only Eight Months«. Das Ziel dieser acht Monate war es, die medizinischen und psychischen Auswirkungen der Isolation zu untersuchen. Alle aus dem Team nahmen regelmäßig Blut-, Kot- und Hautproben, um Daten über ihren Stress, ihre Stoffwechselfunktionen und immunologische Veränderungen zu liefern. Ein weiterer Teil des Programms waren psychologische Tests, um die Zeitwahrnehmung, die kognitiven Fähigkeiten sowie Veränderungen bei den zwischenmenschlichen Beziehungen zu untersuchen. Auf dem Speiseplan stand Astronautennahrung: Pizza und Burger gab es nur in Tuben. Kowalski drückte die Paste in rehydrierte Suppe und machte die Mahlzeiten so herzhafter. Ein Gewächshaus lieferte etwas Salat zur Abwechslung – alle drei Wochen eine Schüssel voll, die sie sich zu sechst teilen mussten.

Natürlich vermisste Ashley Kowalski Freiheit, ordentliches Essen und Freunde. Doch die eigentliche Herausforderung bestand für sie darin, nach der Isolation in die reale Welt zurückzukehren: »Ein Wiedereintritt nicht etwa in die Atmosphäre, sondern auf den Planeten.« Sie hatte verlernt, mit Gesellschaft, Hobbys oder normaler Arbeit umzugehen. Plötzlich kamen Anfragen nicht mehr nur von der Missionskontrolle, sondern von vielen verschiedenen Seiten. In der Fragerunde nach dem Vortrag bedankte sich Tara Sweeney, eine Geologin aus dem Publikum, bei Kowalski dafür, dass sie über diese Erfahrungen gesprochen hatte. Sweeney war gerade von einer langen Forschungsreise in der Antarktis zurückgekehrt und wusste nicht so recht, wie sie sich wieder in das Leben an einem gastfreundlicheren Ort eingliedern sollte. So sehr beide das gewohnte Leben vermisst hatten, so schwer fiel es ihnen, es wieder aufzunehmen.

Dennoch herrschte bei der Veranstaltung weiter Optimismus vor. Einmal fragte die Konferenzinitiatorin Sian Proctor, die 2021 Pilotin beim ersten weltraumtouristischen Orbitalflug des Unternehmens SpaceX war: »Wie geht es weiter?« Sofort zeigten die Anwesenden nach oben und sagten: »Zum Mond!« ◂

QUELLEN

Arone, A. et al.: The burden of space exploration on the mental health of astronauts: A narrative review. Clinical Neuropsychiatry 18, 2021

Launius, R. D.: Public opinion polls and perceptions of US human spaceflight. Space Policy 19, 2003

Westfahl, G.: The case against space. Science Fiction Studies 24, 1997

Spektrum der Wissenschaft

Geschäftsleitung: Markus Bossle

Assistenz Geschäftsleitung: Stefanie Lacher

Chefredaktion (v.i.S.d.P.): Dr. Daniel Lingenhöhl

Verlag: Spektrum der Wissenschaft Verlagsgesellschaft mbH, Postfach 104840, 69038 Heidelberg, Hausanschrift: Tiergartenstraße 15–17, 69121 Heidelberg, Tel.: 06221 9126-600, Fax: 06221 9126-751, Amtsgericht Mannheim, HRB 338114

Vertrieb und Abonnementverwaltung: Spektrum der Wissenschaft Verlagsgesellschaft mbH, c/o ZENIT Pressevertrieb GmbH, Postfach 810680, 70523 Stuttgart, Tel. 0711 82651-192, Fax 0711 82651-333, E-Mail: spektrum@zenit-presse.de; Vertretungsberechtigter: Uwe Bronn

Bezugspreise: Einzelheft »Spezial«: € 9,80 / sFr. 17,40 / Österreich € 9,80 / Luxemburg € 9,80,– zzgl. Versandkosten. Im Abonnement € 35,20 für 4 Hefte, für Studenten gegen Studiennachweis € 29,60. Bei Versand ins Ausland werden die Mehrkosten berechnet. Alle Preise verstehen sich inkl. Umsatzsteuer. Zahlung sofort nach Rechnungserhalt. Postbank Stuttgart, IBAN DE52600100700022706708, BIC PBNKDEFF

Anzeigen: E-Mail: anzeigen@spektrum.de, Tel. 06221 9126-600

Anzeigenpreise: Gültig ist die Preisliste Nr. 45 vom 1.1. 2024

Gesamtherstellung: L. N. Schaffrath Druckmedien GmbH & Co. KG, Marktweg 42–50, 47608 Geldern

Artikelnachweise: Was das Weltall auseinandertreibt SdW 3/2024 · Wie standhaft ist das Standardmodell? SdW 7/2023 · Neuer Ausblick in den Kosmos; Wie die JWST-Bilder entstehen SdW 3/2023 · Schier unmögliche Sterne SdW 11/2023 · Kosmische Schmiede der schweren Elemente SdW 5/2023 · Sind Jupiters Monde lebensfreundlich?; Fremdartige Ozeane SdW 8/2023 · Lieferdienst aus dem All SdW 9/2023 · Keine Zukunft im All?; Raumstationen als Fabriken SdW 2/2024

ISSN 2193-4444 / ISBN 978-3-95892-856-5

SCIENTIFIC AMERICAN
1 New York Plaza, Suite 4500, New York, NY 10004-1562, Editor in Chief: Laura Helmuth, President: Kimberly Lau

MATERIALFORSCHUNG

Raumstationen als Fabriken

In der Schwerelosigkeit lassen sich Kristalle und andere Stoffe viel gleichmäßiger fertigen als auf der Erde. Die Massenproduktion von Hightech-Komponenten im Orbit könnte sich durchaus lohnen.

Debbie G. Senesky lehrt an der kalifornischen Stanford University. Die Ingenieurin hat sich auf die Synthese und den Einsatz von Materialien und Bauteilen unter extremen Bedingungen spezialisiert.

SPENCER LOWELL

GRAPHEN-AEROGEL
Das viel versprechende, extrem leichte Material könnte im Weltraum in besserer Qualität produziert werden als auf der Erde.

Als ich zum ersten Mal von Siliziumkarbid erfuhr, war ich sofort fasziniert. Dabei handelt es sich um einen der härtesten synthetischen Stoffe, fast so hart wie Diamant. Er korrodiert kaum, und seine Kristallstruktur kann mehr als 200 verschiedene Formen annehmen. Und der beeindruckendste Aspekt: Bei Atmosphärendruck schmilzt der Feststoff nie. Jenseits von 2700 Grad Celsius überspringt er einfach die flüssige Form und zersetzt sich direkt zu einem Gas.

Ich stieß auf Siliziumkarbid, als ich an der University of California in Berkeley als Maschinenbauerin promovierte. Seine geradezu unwirklichen Eigenschaften haben mich zur Materialwissenschaft gebracht und dazu inspiriert, die möglichen Einsatzzwecke dieser Verbindung für elektronische Komponenten zu erforschen.

Erst nach meiner Doktorarbeit wurde mir klar, dass die Widerstandsfähigkeit von Siliziumkarbid nicht nur auf der Erde nützlich sein könnte, sondern es zudem vielen der außergewöhnlichen Bedingungen im Weltraum wie Strahlen, Staub und Temperaturextremen standhält. So beschädigt kosmische Strahlung – enorm energiereiche Teilchen wie Protonen, Elektronen und Neutronen – die meisten elektronischen Geräte. Siliziumkarbid ist jedoch 60 Prozent weniger empfindlich gegenüber solchen Einflüssen als das gewöhnliche Silizium in alltäglicher Elektronik. Ebenso halten die wenigsten normalen Bauteile die extremen Temperaturen der glühend heißen Venus oder des kalten Uranus aus, geschweige denn Schwankungen zwischen solchen Gegensätzen. Siliziumkarbid kann das. Diese Erkenntnisse gaben die Richtung für meine weitere wissenschaftliche Laufbahn vor, bei der ich Materialforschung mit Raumfahrt verbinde.

Der Großteil meiner Arbeit konzentriert sich auf die Venus. Sie ist unser Nachbarplanet in Richtung Sonne, aber es gibt nur eine Hand voll Bilder von der Oberfläche, die von einigen wenigen erfolgreichen sowjetischen Landesonden in den 1970er und 1980er Jahren aufgenommen wurden. Möglicherweise sah die Venus vor Milliarden von Jahren ähnlich aus wie die Erde, mit flüssigem Wasser und einem kühleren Klima. Heute ist ihre Oberfläche 475 Grad Celsius heiß – genug, um Blei zu schmelzen. In der an Kohlendioxid reichen Atmosphäre bedecken schwefelsaure Regenwolken den Himmel. Der Druck an der Oberfläche der Venus ist mit dem 90-Fachen der Erde ebenfalls äußerst unwirtlich und entspricht etwa demjenigen, der bei uns in einem Kilometer Meerestiefe herrscht.

Gern würde ich noch zu meinen Lebzeiten eine erneute Landemission zur Venus sehen, die Daten aus der Atmosphäre und von der Oberfläche sammeln könnte. Die US-Raumfahrtbehörde NASA visiert bereits eine mindestens 60-tägige Mission für eine solche Messreihe an, muss aber zunächst klären, wie sie überhaupt entsprechend widerstandsfähige Instrumente bauen kann. Hier kommt unser Team an der Stanford University ins Spiel. Ich leite das EXtreme Environment Microsystems Laboratory (XLab), wo wir kompakte und robuste Elektronik konstruieren, die alle Zumutungen durch die Venus aushalten soll.

Die hohen Temperaturen dort sind eine der größten Herausforderungen. Bei derartiger Hitze würden viele Materialien entweder einfach schmelzen oder zumindest ihre Elastizität und andere Eigenschaften dramatisch verändern. Es ist schwer vorherzusagen, wie sich das auf die Funktionsfähigkeit der Bauteile auswirkt. Die meisten unserer elektronischen Geräte basieren auf Halbleiterstrukturen, vor allem Silizium. An diesen befindet sich in der Regel eine Metallelektrode. Wenn die Chips zu heiß werden, kann das Metall in den Halbleiter diffundieren und ihn in eine unerwünschte Legierung mit einem völlig anderen mechanischen und elektrischen Verhalten verwandeln.

AUF EINEN BLICK

Schwerelose Synthese

1 Elektronik, die besonders leistungsfähig sein soll, braucht entsprechend hochwertige Halbleiter. Deren Produktion auf der Erde ist jedoch aufwändig und fehlerbehaftet.

2 Viele Schwierigkeiten sind auf die Gravitation zurückzuführen, die Inhomogenitäten verursacht. Ohne Erdanziehung laufen Kristallwachstum und andere Reaktionen gleichmäßiger ab.

3 Eine mögliche Lösung: die Herstellung von Hightech-Stoffen ins Weltall verlagern. Erste Versuche laufen und sollen Aufschluss über das Potenzial einer solchen Revolution liefern.

Neue Halbleiter für anspruchsvolle Anwendungen

Hier wären Siliziumkarbid sowie ein anderes von mir untersuchtes Material namens Galliumnitrid eine brauchbare Alternative. Galliumnitrid wird häufig in der Leistungs- und Hochfrequenzelektronik sowie für blaue LEDs verwendet. Beide Materialien haben halbleitende Eigenschaften wie Silizium, aber im Gegensatz zu diesem können sie hohen Temperaturen und starker Strahlung standhalten. Das liegt an ihrer großen Bandlücke: Die Elektronen können nur mit sehr viel Energie auf das für elektrische Leitfähigkeit erforderliche Niveau gehoben werden. Deswegen führen sie bei Hitze Strom – Galliumnitrid noch bei Temperaturen von mehr als 1000 Grad Celsius.

In unseren Reinräumen konstruieren wir winzige Galliumnitrid-Transistoren und erhitzen sie im XLab sechs Tage lang mit einer speziellen Testausrüstung auf 470 Grad Celsius. Das kommt zwar noch nicht an die NASA-Anforderung von 60 Tagen heran, aber es ist immerhin schon länger als die gerade einmal zweistün-

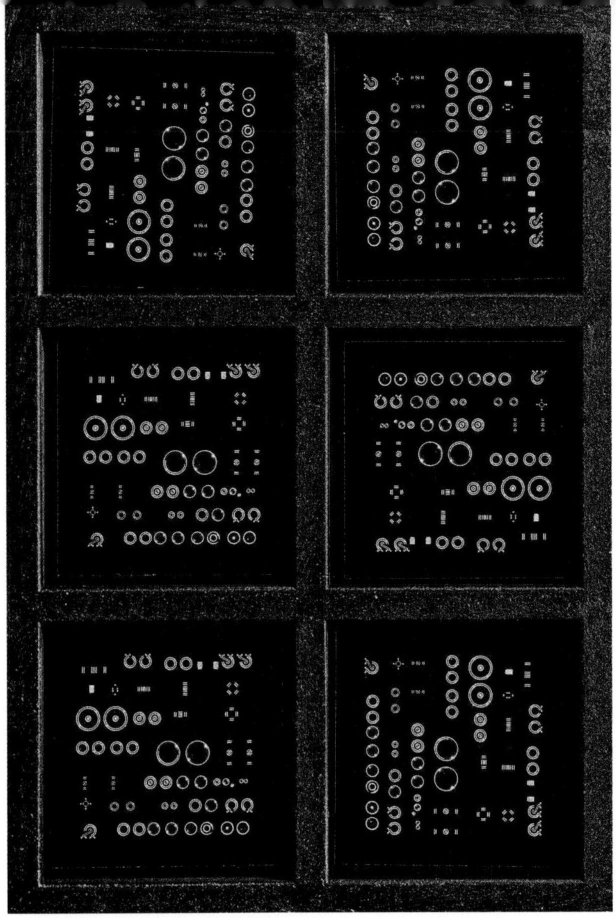

SPENCER LOWELL

GALLIUMNITRID-CHIPS Die jeweils etwa einen Zentimeter großen Plättchen mit aufgebrachten elektronischen Schaltkreisen widerstehen hohen Temperaturen.

dige sowjetische Mission vor drei Jahrzehnten. Manchmal setzen wir unsere elektronischen Komponenten auch einer vollständigen Simulation der Venusatmosphäre im Glenn Extreme Environments Rig der NASA in Cleveland aus. Für einige meiner Experimente habe ich diese Anlage genutzt, die eine Temperatur von 475 Grad Celsius, venustypisches Schwefeldioxid und einen Druck von 90 Bar produziert. Ich bin froh, dass die NASA solche Bedingungen schaffen kann, weil ich derlei Säurechemie nicht gern in meinem Labor hätte.

So vielversprechend Siliziumkarbid und Galliumnitrid für widerstandsfähige Elektronik sind, so schwierig ist es, sie auf der Erde ohne viele Defekte herzustellen, das heißt ohne Störstellen in der regelmäßigen Kristallstruktur. Bisher lassen sich auf der Erde nur kleine Wafer produzieren, das sind dünne Scheiben mit dem gewünschten kristallinen Aufbau. Im Weltraum jedoch dürften wir ohne die Auswirkungen der Gravitation in der Lage sein, größere, gleichmäßigere Kristalle zu züchten und auch weitere Materialien schneller herzustellen.

Auf der Oberfläche unseres Planeten müssen wir bei allen Produktionsprozessen die Schwerkraft beachten – eine erhebliche Einschränkung für die physikalisch möglichen Abläufe. Die Herstellung von Materialien in Mikrogravitation, das heißt ohne spürbare Auswirkungen der Erdanziehung, bietet eine zusätzliche Art von Freiheitsgrad. Um den Unterschied zu verstehen, stellen Sie sich eine Tasse Mokka vor. Die Schwerkraft befördert den feinen Kaffeesatz rasch auf den Boden, und Sie können von oben Ihr ungetrübtes Getränk abschlürfen. In der Mikrogravitation des Weltraums würde der Kaffeesatz jedoch gleichmäßig im Tassenvolumen verteilt bleiben – als Astronaut hätten Sie mit jedem Schluck den Mund voller feiner Partikel.

Was für Mokkagenuss sicher unangenehm ist, bringt für andere Zwecke viele Vorteile. Wenn Stoffe gleichmäßig in einer Flüssigkeit schweben, verändert sich diese Suspension nicht, und entsprechend lassen sich daraus Werkstoffe mit viel einheitlicheren Eigenschaften gewinnen.

Ähnliches gilt für einen entgegengesetzt gerichteten Effekt, den Auftrieb. Hier wandern Luftblasen und andere vergleichsweise leichte Substanzen durch eine Flüssigkeit nach oben. Bei einer Produktion auf der Erde kann der Auftrieb zwei Stoffe allmählich voneinander trennen und dadurch Synthesevorgänge beeinträchtigen. In der Mikrogravitation wiegt eine Luftblase jedoch genauso viel wie Wasser und steigt nicht an die Oberfläche, so dass alles gleichmäßig vermischt bleibt.

Thermische Konvektion, das heißt die Bewegung von Teilchen auf Grund von Temperaturunterschieden, kann ebenfalls die Qualität des Endprodukts mindern. Auch dieser Prozess unterbleibt in der Schwerelosigkeit. Das ist ein weiterer Grund, warum in Mikrogravitation hergestellte Stoffe weniger Unvollkommenheiten aufweisen.

Produktion ganz neu gedacht

Mein Interesse an Materialfertigung in der Erdumlaufbahn wurde vor einigen Jahren geweckt, als ich zu einem Workshop eingeladen wurde, bei dem es um die Synthese von Nanomaterialien im Weltraum ging. Damals hatte ich zwar noch nicht viel Hintergrundwissen dazu, aber die Veranstaltung hat mich angespornt. Anschließend erhielten wir die Gelegenheit, Vorschläge für entsprechende Experimente auf der Internationalen Raumstation (ISS) zu machen, und ich ergriff die Chance. Es handelte sich um eine gemeinsame Ausschreibung der National Science Foundation (NSF) und des Center for the Advancement of Science in Space (CASIS), das die von den USA auf der Raumstation durchgeführten Forschungsarbeiten koordiniert.

Bis zu diesem Zeitpunkt wusste ich nur, wie man Dinge auf der Erde herstellt. Ich arbeitete mich nächtelang in Literatur zur Forschung auf der ISS ein, und je mehr ich darüber erfuhr, desto begeisterter war ich von den Möglichkeiten, die eine Produktion im Erdorbit bietet.

Nicht nur können im Weltraum hergestellte Bauteile besser sein als solche von der Erde, sie wären zudem für die spätere Verwendung vor Ort prädestiniert. Etwas bedarfsgerecht an Bord zu bauen, kann für die Besatzung praktischer sein und schneller gehen, als alles mit einer Rakete hochschleppen zu lassen. Als beispielsweise ein Astronaut an Bord der 2014 eine kleine Ratsche benötigte, schickte ihm die Bodenkontrolle statt des Schraubwerkzeugs eine passende Datei für den an Bord befindlichen 3-D-Drucker.

Nützliche Mikrogravitation

In Raumstationen macht sich die Gewichtskraft von Gegenständen nicht bemerkbar. In diesem Zustand annähernder Schwerelosigkeit lassen sich Kristalle oder andere Materialien ohne störende Einflüsse von Sedimentation, Auftrieb oder Konvektion herstellen. Das verhindert Inhomogenitäten und sonstige Mängel, die auf der Erde entstehen würden.

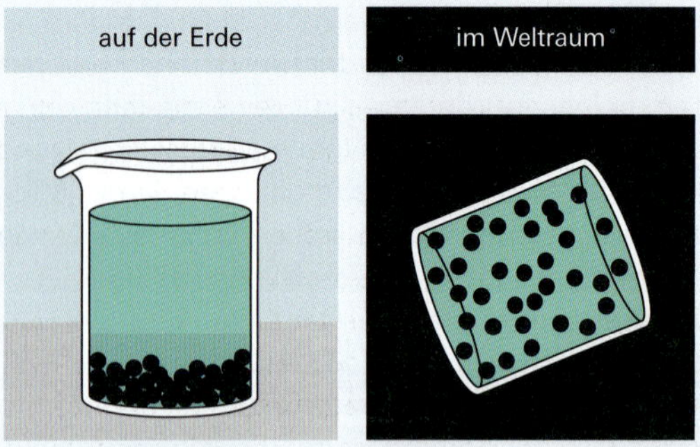

Gleichmäßige Verteilung

Unter Einwirkung der Gravitation setzen sich kleine Partikel, die in einer Flüssigkeit enthalten sind, allmählich am Boden ab. In der Schwerelosigkeit bleiben sie im Gemisch suspendiert.

Fehlender Auftrieb

Auf der Erde steigen Luftbläschen und weitere vergleichsweise leichte Bestandteile an die Oberfläche. Mikrogravitation lässt sie in der flüssigen Phase verharren.

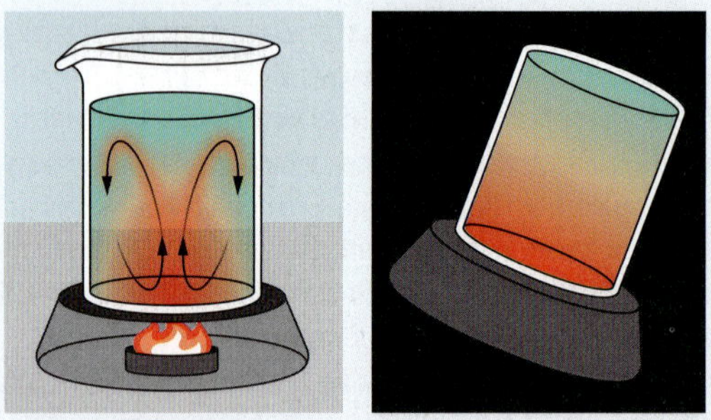

Keine Konvektion

Wir sind es gewohnt, dass heiße und damit weniger dichte Materie aufsteigt und kühlere absinkt. Doch ohne Schwerkraft gibt es diese thermische Konvektion nicht.

JEN CHRISTIANSEN / SCIENTIFIC AMERICAN NOVEMBER 2023; BEARBEITUNG: SPEKTRUM DER WISSENSCHAFT

Als ich anfing, mich mit diesem Thema zu beschäftigen, hatte ich noch keine Ahnung, dass die NASA bereits Halbleiter im Weltraum hergestellt hatte. Im Jahr 1992 startete die NASA das erste US-Mikrogravitationslabor an Bord der Raumfähre Columbia, und die Astronauten züchteten dort zwei Kristalle aus Galliumarsenid. In jüngerer Zeit wurden im Weltraum beispielsweise auch Glasfaserkabel hergestellt, die Signale besser übertragen können.

Nachdem ich mich auf den neuesten Stand gebracht hatte, widmete ich mich der Entwicklung meines eigenen Experiments. Zunächst galt es herauszufinden, welche Werkzeuge auf der Station zur Verfügung stehen. Die Arbeit mit Halbleitermaterialien erfordert oft hohe Temperaturen. Die meisten Geräte auf der ISS sind auf biologische Experimente und entsprechend kühlere und sicherere Bedingungen zugeschnitten. Zum Glück für mich und mein Team gibt es an Bord eine Maschine namens Solidification Using a Baffle in Sealed Ampoules (SUBSA). Sie ähnelt einem Ofen, wie man ihn in einem Reinraum zur Halbleiterproduktion auf der Erde antreffen würde. SUBSA kann bis zu 850 Grad Celsius erreichen – für unsere Zwecke mehr als ausreichend. Wir hatten die Idee, eine spezielle Art von Nanomaterial zu erzeugen, ein Graphen-Aerogel, und konnten uns damit im NSF-CASIS-Wettbewerb durchsetzen.

Am 1. August 2023 startete unser Experiment im Rahmen einer Versorgungsmission zur ISS. Wir hatten einen kleinen Autoklav – einen Behälter, der hohe Temperaturen und Drücke aushält – mit Wasser und Graphenflocken gefüllt. Den mit diesem Ausgangsmaterial ausgestatteten Autoklav luden die ISS-Astronauten nach der Ankunft in den SUBSA-Ofen und erhitzten ihn auf 180 Grad Celsius. Die Proben sind am 4. September 2023 zusammen mit vier Astronauten zur Erde zurückgekehrt. Mittels Trocknung verwandelten wir das an Bord der ISS entstandene Hydrogel in ein Aerogel, indem das Wasser durch Luft ersetzt wird.

Bei Graphen handelt es sich um eine nur atomdünne Schicht aus Kohlenstoff, bei der die Atome in einer hexagonalen Anordnung miteinander verbunden sind. Dieser zweidimensionale Stoff ist zugfester als Stahl und elektrisch leitfähig. In Form eines Aerogels erhält es eine Schwammstruktur und gewisse Eigenschaften, die es für viele Anwendungen nützlich machen könnte, von Wärmedämmung über Energiespeicherung bis hin zu Sensoren.

Wenn wir im XLab hier auf der Erde Graphen-Aerogel herstellen, kann die Schwerkraft die Art und Weise stören, wie sich die Schichten während des Prozesses miteinander verbinden. Außerdem ist das Material anfällig für den Kaffeesatzeffekt: Die Graphenflocken sinken auf den Boden des Behälters. Das kann zu Aerogelen mit weniger gleichmäßiger Leitfähigkeit führen, was unter elektrischem Strom lokale Erhitzung und Materialversagen verursacht.

Die Analysen beginnen gerade erst, aber wir gehen davon aus, dass die an Bord der ISS frei schwebenden Graphenflocken ohne Sedimentation und Auftriebskräfte zu einer gleichmäßigeren Struktur und einheitlicheren

SPENCER LOWELL

MIKROPORÖSE MATERIALIEN **Drei Proben von so genannten metallorganischen Gerüsten befinden sich auf Haltern für Rasterelektronenmikroskopie. Solche Strukturen haben zahlreiche Anwendungen und lassen sich möglicherweise in Schwerelosigkeit leichter synthetisieren.**

Eigenschaften geführt haben. Das in praktischer Schwerelosigkeit hergestellte Endprodukt könnte beispielsweise Wärme lückenlos abschirmen oder bei Verwendung als Elektrode die Stromdichte besonders konstant lassen. Damit konstruierte Akkus würden länger halten und nach vielen Lade- und Entladezyklen nicht so aufquellen wie im Fall herkömmlicher Elektroden.

Wir untersuchen die Beschaffenheit des von uns hergestellten Aerogels und messen seine mechanischen, thermischen und elektrischen Eigenschaften, um sie mit jenen von am Erdboden produzierten Exemplaren zu vergleichen. Besonders hinsichtlich der mikroskopischen Struktur erwarte ich Unterschiede. Wenn ich ein herkömmliches Graphen-Aerogel unter einem Rasterelektronenmikroskop betrachte, sieht es sehr porös und gewunden aus, und die Schichten sind zufällig miteinander verbunden. Bei einer Herstellung in der Mikrogravitation könnte das Gerüst regelmäßiger sein.

Als Nächstes wollen wir uns an weitere Stoffe wagen, die sich auf der Erde nur schwer oder gar nicht synthetisieren lassen. Unser jüngstes Forschungsprogramm konzentriert sich auf die Züchtung so genannter metallorganischer Gerüste in Mikrogravitation. Neben der Entwicklung neuer Materialien müssen wir auch unsere Experimente vergrößern und die von uns hergestellten Substanzen in tatsächlich verwendbare Geräte integrieren. Der Durchmesser des Behälters, den wir zur ISS geschickt haben, beträgt gerade einmal fünf Millimeter. Wenn wir etwas für praktische Zwecke herstellen wollen, brauchen wir mehr Platz. Das könnte bei ersten kommerziellen Raumstationen der Fall sein, die für die späten 2020er Jahre geplant sind.

Die Halbleiterindustrie sollte ernsthaft über eine Massenproduktion im Weltraum nachdenken. Derzeit muss noch eine Menge defekter Kristalle weggeworfen werden. Im All wären eine höhere Leistung, Zuverlässigkeit und Skalierbarkeit erreichbar als auf der Erde. Dank der raschen Fortschritte bei der kommerziellen Raumfahrt werden wir immer häufigere und günstigere Missionen und mehr menschliche Aktivitäten im Orbit erleben. Auf diese Entwicklung gilt es aufzuspringen. Fabriken im Weltraum mögen wie Sciencefiction klingen, aber ich bin überzeugt davon, dass sie Teil unseres Alltags werden sollten. Ich hoffe, mit meiner Arbeit dazu beizutragen, den Traum zu verwirklichen. ◂

QUELLE

Frick, J.J. et al.: Semiconductor manufacturing in low-Earth orbit for terrestrial use. OSF Preprints 10.31219/osf.io/d6ar4, 2023

 Die nächste Ausgabe dieser Reihe ist ab 16. 8. 2024 im Handel.

MATTHIEU TUFFET / GETTY IMAGES / ISTOCK

Formen der Mathematik

In der Mathematik geht es nicht nur um Zahlen. Das Fach ist erstaunlich vielfältig und taucht in allerlei verschiedenen Gewändern auf: mal in Form von bunten Fraktalen wie der berühmten Mandelbrotmenge, mal als geisterhafte Kacheln, die einen Boden mit erstaunlichen Mustern versehen – oder auch als zerknittertes Stück Papier. All diese unterschiedlichen Strukturen bergen spannende mathematische Eigenschaften, die Fachleute in den letzten Jahren entdeckt und ins Staunen versetzt haben.

THEMEN SIND UNTER ANDEREM:

Mandelbrotmenge

Das berühmte Fraktal birgt nach mehr als 40 Jahren noch immer Geheimnisse, die Fachleute nach und nach entschlüsseln.

Der doppelte Einstein

Ein Hobbymathematiker überrascht die Fachwelt mit der zweifachen Entdeckung einer Einstein-Kachel, einer Fliese, die kein periodisches Muster zulässt.

Neubau der Mathematik

Peter Scholze und Dustin Clausen rollen das Fach mit einem revolutionären Ansatz neu auf, der die Fachwelt begeistert.